費曼物理學講義 III
量子力學
2 量子力學應用

The Feynman Lectures on Physics
The New Millennium Edition
Volume 3

By Richard P. Feynman,
Robert B. Leighton, Matthew Sands

高涌泉　譯

The Feynman

費曼物理學講義 III
量子力學

2 量子力學應用　目錄

第**10**章
其他的雙態系統　　71

第13章

晶格中的傳播　193

第14章

半導體　223

The Feynman

費曼物理學講義 III 量子力學

目錄

1 量子行為

2 量子力學應用

第8章

哈密頓矩陣

8-1 機率幅與向量

在開始討論本章的主題之前，我們想描述一些數學概念，這些概念在量子力學文獻中經常出現。瞭解了這些概念，讀其他量子力學的書或文章就會比較容易。

第一個概念是，量子力學中的方程式與兩個向量的純量積公式在數學上非常類似。你應該還記得，如果 χ 與 ϕ 是兩個狀態，而系統最初處於 ϕ 狀態，那麼系統最後成爲 χ 狀態的機率幅可以寫成很多項的和，每一項是 ϕ 變成某一基底狀態的機率幅乘以那個基底狀態變成 χ 的機率幅；這些基底狀態構成一完備集（complete set），前面所講的和，就是得要將每一個基底狀態的貢獻加進來。所以從 ϕ 轉成爲 χ 的機率幅是

$$\langle \chi \mid \phi \rangle = \sum_{所有 i} \langle \chi \mid i \rangle \langle i \mid \phi \rangle \tag{8.1}$$

我們以前用斯特恩—革拉赫裝置來解釋上面的式子，但是其實這並非必要的。(8.1)式是數學定律，無論我們是否放進過濾裝置，它都成立，所以不需要一直想像裝置是在那裡。我們可以單純把它看成是機率幅 $\langle \chi \mid \phi \rangle$ 的公式。

我們想比較(8.1)式與兩向量 **B** 和 **A** 的純量積（也就是「點積」或「內積」）公式。如果 **B** 和 **A** 是三維中的普通向量，我們可以把純量積寫成

$$\sum_{所有 i} (\boldsymbol{B} \cdot \boldsymbol{e}_i)(\boldsymbol{e}_i \cdot \boldsymbol{A}) \tag{8.2}$$

這裡的記號 $\boldsymbol{e}_i$ 代表在 x、y、z 方向上的三個單位向量（unit vector）。所以 $\boldsymbol{B} \cdot \boldsymbol{e}_1$ 就是我們一般所稱的 B_x，$\boldsymbol{B} \cdot \boldsymbol{e}_2$ 就是 B_y，等等。因此

(8.2)式等於

$$B_x A_x + B_y A_y + B_z A_z$$

這正是純量積 $B \cdot A$。

　　比較(8.1)式與(8.2)式，可以看出以下的類比：狀態 χ 和 ϕ 對應到向量 B 和 A；基底狀態 i 對應到特殊向量 e_i。任何向量都可以表示成三個「基底向量」e_i 的線性組合。再者，如果你知道了這個組合中每一個「基底向量」的係數，也就是三個分量，你就知道了關於這向量的一切。類似的，任何量子力學狀態也可以完整的用 ϕ 轉成爲 i 的機率幅 $\langle i \mid \phi \rangle$ 來描述；如果你知道了這些係數，你就已經知道所有你能知道的了。因爲這種密切的類比，我們稱爲「狀態」的東西，也常被稱爲「向量」。

　　既然基底向量 e_i 相互垂直，我們就有

$$e_i \cdot e_j = \delta_{ij} \tag{8.3}$$

這式子對應到基底狀態 i 之間的關係(5.25)式：

$$\langle i \mid j \rangle = \delta_{ij} \tag{8.4}$$

你現在可以瞭解，爲什麼人們會說基底狀態全都是相互「垂直」的。

　　但是(8.1)式與純量積有一點小小的不同。我們有

$$\langle \phi \mid \chi \rangle = \langle \chi \mid \phi \rangle^* \tag{8.5}$$

可是在向量代數裡，

$$A \cdot B = B \cdot A$$

因爲量子力學的機率幅是複數，所以我們必須保持每一項的順序，而在純量積中，順序不重要。

現在考慮以下的向量方程式：

$$A = \sum_i e_i(e_i \cdot A) \tag{8.6}$$

它有一點點不尋常，但卻是正確的。它的意義和以下的式子一樣：

$$A = \sum_i A_i e_i = A_x e_x + A_y e_y + A_z e_z \tag{8.7}$$

不過請注意，(8.6)式牽涉到一個與純量積**不一樣**的量。純量積只是一個**數字**，而(8.6)式卻是個**向量**方程式。向量分析的一個重要技巧就是從方程式中抽取出**向量**的概念。我們可以同樣的從量子力學公式(8.1)中，抽取出一個類似「向量」的東西，我們的確可以做到。從(8.1)式等號的兩邊除去〈x│，然後寫下底下的方程式（不要害怕，它只是記號而已，過幾分鐘你就會發現這些符號的意義）：

$$|\phi\rangle = \sum_i |i\rangle\langle i|\phi\rangle \tag{8.8}$$

我們可以把〈x│φ〉這個稱爲「包括」（bracket）的量想成是由兩個部分組成的。第二部分 │φ〉常常稱爲**括量**（ket），第一部分〈x│就稱爲**包量**（bra）〔這兩個部分合起來就構成「包─括」，這個記號是狄拉克（Paul A. M. Dirac, 1902-1984）提出的〕；這些半記號〈x│與 │φ〉也稱爲**態向量**（state vector）。無論如何，它們**不是數字**，而且通常來講，我們希望計算的結果最後是以數字呈現，所以這些「半完成」的量只是計算中間的步驟而已。

事實上，至目前止，我們所有的結果都以數字呈現，究竟我們如何得以避免向量？很有趣的，即使在一般的向量代數裡，我們也**能夠**讓所有的方程式只牽涉到數字。例如，與其處理向量方程式如

$$F = ma$$

我們可以永遠把它寫成

$$C \cdot F = C \cdot (ma)$$

這個兩邊都是純量積的方程式，對於**任何**的向量 C 都成立。可是如果對於任何 C 都成立，就沒有什麼道理一定要寫出 C 了！

回頭看(8.1)式。這個方程式對於**任何** $\times$ 都成立。為了省事，我們應該**省略** $\times$，只要寫出(8.8)式就可以。**只要**我們記得它永遠要「從左邊乘以」某個 $\langle \times |$，也就是把 $\langle \times |$ 再擠回去，才算「完整」，它所提供的訊息並未增減。所以(8.8)式的意義與(8.1)式完全一樣，不多也不少。當你要數字的時候，就把你要的 $\langle \times |$ 放進去。

你或許已經在懷疑(8.8)式中 ϕ 的角色，既然這方程式對於**任何**的 ϕ 都成立，那為什麼還要保留著**它**？的確，狄拉克認為 ϕ 也可以抽取掉，所以我們只剩下

$$| = \sum_i | i \rangle \langle i | \tag{8.9}$$

這就是量子力學的偉大方程式！（這式子在向量分析中沒有對應的類比。）它的意思是，你如果在等式兩頭的左邊和右邊都放上任意兩個狀態 $\times$ 與 ϕ，就會**得回**(8.1)式。這並不是太有用處，但是可以提醒我們這方程式對於任意兩個狀態都成立。

8-2　分解態向量

讓我們再次瞧一瞧(8.8)式，我們可以用以下的方式來看它。我們可以利用適當的係數，將任何態向量 $| \phi \rangle$ 表示成一組基底向量

的線性組合，或者你可以將它看成是「單位向量」乘上適當係數後的組合。為了強調係數 $\langle i \mid \phi \rangle$ 只是普通的複數，如果將它寫成

$$\langle i \mid \phi \rangle \,=\, C_i$$

則(8.8)式就等於

$$\mid \phi \rangle \,=\, \sum_i \mid i \rangle C_i \tag{8.10}$$

其他任意的態向量 $\mid x \rangle$ 也可以用類似的式子來代表，當然式中的係數，我們稱其為 D_i，可能會不一樣：

$$\mid x \rangle \,=\, \sum_i \mid i \rangle D_i \tag{8.11}$$

D_i 正是機率幅 $\langle i \mid x \rangle$。

　　假設我們把 ϕ 從(8.1)式中拿掉，我們就會有

$$\langle x \mid \,=\, \sum_i \langle x \mid i \rangle \langle i \mid \tag{8.12}$$

既然 $\langle x \mid i \rangle = \langle i \mid x \rangle *$，上式就可以寫成

$$\langle x \mid \,=\, \sum_i D_i^* \langle i \mid \tag{8.13}$$

　　有趣的是，我們可以把(8.13)式與(8.10)式**乘**在一起，以便得到 $\langle \phi \mid x \rangle$。如果我們這麼做，我們必須注意所用的累加指數，因為兩個方程式的指數是不一樣的。讓我們先把(8.13)式寫成

$$\langle x \mid \,=\, \sum_j D_j^* \langle j \mid$$

它的意義與(8.13)式完全一樣。然後把它和(8.10)式合併在一起，就得到

$$\langle \chi \mid \phi \rangle = \sum_{ij} D_j^* \langle j \mid i \rangle C_i \tag{8.14}$$

但是因為 $\langle j \mid i \rangle = \delta_{ij}$，所以在求和的時候，只需要保留 $j = i$ 的項，因此

$$\langle \chi \mid \phi \rangle = \sum_i D_i^* C_i \tag{8.15}$$

當然其中的 $D_i^* = \langle i \mid \chi \rangle^* = \langle \chi \mid i \rangle$，$C_i = \langle i \mid \phi \rangle$。我們再次看到上式與內積

$$\boldsymbol{A} \cdot \boldsymbol{B} = \sum_i A_i B_i$$

很類似：兩者的區別在於出現於(8.15)式中的是 D_i 的共軛複數。所以(8.15)式的意思是，如果將態向量 $\langle \chi \mid$ 與 $\mid \phi \rangle$ 以基底向量 $\langle i \mid$ 或 $\mid i \rangle$ 展開來，則由 ϕ 變成 χ 的機率幅就是(8.15)式中的那種內積。這個方程式當然只是(8.1)式以不同符號來寫而已。原來我們僅是繞了一圈，以便熟悉新的符號。

我們或許應該再次強調，雖然三維向量可以用**三個**正交的單位向量來形容，量子力學狀態的基底向量 $\mid i \rangle$ 的範圍必須含括適用於任何特定問題的完備集。而且依狀況而定，所牽涉到的基底向量或許是 2 個、3 個、5 個或無窮多個。

我們已談論過，當粒子通過儀器時會發生什麼事情。如果我們一開始讓粒子處於某狀態 ϕ，然後送它們通過一個儀器，接下來做測量，看看它們是不是位於狀態 χ，最後的結果就用機率幅

$$\langle \chi \mid A \mid \phi \rangle \tag{8.16}$$

來描述。這個符號在向量代數裡沒有可以類比的東西（它比較接近張量代數，但這個類比不是太有用）。我們在第 5 章的(5.32)式看

到，(8.16)式可以寫成

$$\langle x \mid A \mid \phi \rangle = \sum_{ij} \langle x \mid i \rangle \langle i \mid A \mid j \rangle \langle j \mid \phi \rangle \qquad (8.17)$$

這只是基本規則(8.9)式（用上兩次）的例子而已。

我們也已經發現，如果將另一個儀器 B 放在儀器 A 之後，則我們可以寫下

$$\langle x \mid BA \mid \phi \rangle = \sum_{ijk} \langle x \mid i \rangle \langle i \mid B \mid j \rangle \langle j \mid A \mid k \rangle \langle k \mid \phi \rangle \qquad (8.18)$$

再一次的，這個式子直接來自狄拉克的(8.9)式，請記得，我們永遠可以在 B 和 A 之間放上一豎（｜），就好像放進 1 這因子一樣。

我們還可以用另一種觀點看(8.17)式。假設我們把粒子在進入儀器 A 之前的狀態想成是 ϕ，而離開 A 之後的狀態是 ψ（psi）；換句話說，我們問自己這個問題：是不是找得到一個 ψ，它能讓從 ψ 轉成 x 的機率幅永遠且處處等於機率幅 $\langle x \mid A \mid \phi \rangle$？答案是肯定的。我們想要將(8.17)式寫成

$$\langle x \mid \psi \rangle = \sum_{i} \langle x \mid i \rangle \langle i \mid \psi \rangle \qquad (8.19)$$

這個式子成立的條件是

$$\langle i \mid \psi \rangle = \sum_{j} \langle i \mid A \mid j \rangle \langle j \mid \phi \rangle = \langle i \mid A \mid \phi \rangle \qquad (8.20)$$

ψ 由上式決定。你或許會說：「但是這式子並無法決定 ψ，它只決定了 $\langle i \mid \psi \rangle$ 而已！」不過 $\langle i \mid \psi \rangle$ **的確**決定了 ψ，因為如果你知道了所有連接 ψ 與基底狀態 i 的係數，那就唯一決定了 ψ。事實上，我們可以玩弄符號，把(8.20)式的最後一項寫成

$$\langle i \mid \psi \rangle = \sum_{j} \langle i \mid j \rangle \langle j \mid A \mid \phi \rangle \qquad (8.21)$$

既然這個式子對於所有的 i 都成立，我們也可以只將它寫成

$$|\psi\rangle = \sum_j |j\rangle\langle j|A|\phi\rangle \tag{8.22}$$

那麼我們可以說：「如果一開始的狀態是 ϕ，通過儀器 A 以後的狀態就是 ψ。」

我再舉最後一個這種行內技巧的例子：回到(8.17)式，既然它對於任何 χ 與 ϕ 都成立，就不必將它們寫出來！所以我們就有*

$$A = \sum_{ij} |i\rangle\langle i|A|j\rangle\langle j| \tag{8.23}$$

它的意義是什麼？它的意義和你把 ϕ 與 χ 擺回去一模一樣，不多也不少。以它的寫法而言，這個式子是「開放的」方程式，還不完備。如果我們將它「從左邊」去乘上 $|\phi\rangle$，它就變成

$$A|\phi\rangle = \sum_{ij} |i\rangle\langle i|A|j\rangle\langle j|\phi\rangle \tag{8.24}$$

我們只是又回到(8.22)式。事實上，我們可以拋棄 $|j\rangle\langle j|$ 而將它寫成

$$|\psi\rangle = A|\phi\rangle \tag{8.25}$$

符號 A 既不是機率幅，也不是向量，它是一種新的東西，稱爲**算符**（operator，或稱作用符)。它的功能是「作用到」（operator on）某個狀態上後可以製造出另一個新的狀態，(8.25)式的意思是，如果將 A 作用於 $|\phi\rangle$，我們就會得到 $|\psi\rangle$。再次的，它是一個「開放的」方程式，只有在放進包量 $\langle\chi|$ 之後才算完備：

*原注：你或許會想我們應該寫成 $|A|$，而不是 A 而已，但是這種記號看起來和「A 的絕對值」相似，所以只得把 A 旁邊的兩豎拿掉。一般而言，一豎（$|$）的行為和 1 這個因子很像。

$$\langle \chi \mid \psi \rangle = \langle \chi \mid A \mid \phi \rangle \tag{8.26}$$

當然，如果我們能夠給出機率幅 $\langle i \mid A \mid j \rangle$（也可以寫成 A_{ij}）所構成的矩陣，其中的 i、j 是任意的基底向量，我們就算完備的描述了算符 A。

這些新的數學符號其實沒有帶給我們任何新的東西，那麼我們為什麼要討論它們？原因之一是要你們瞭解寫方程式的方式，因為在很多書裡，方程式是以不完備的形式寫下的，而你不應該在碰到這種方程式時不知所措。只要你願意，永遠可以把忽略的東西補進來，以便得到和數字有關的方程式，這就是比較熟悉的形式了。

而且，你以後會看到，「包量」與「括量」的記號是非常方便的。好處之一就是，從今以後我們可以用態向量來辨認一個狀態。如果我們要指明一個具有明確動量 p 的狀態，我們就說成「狀態 $\mid p \rangle$」。或者我們可以談到某個任意的狀態 $\mid \psi \rangle$。為了一致起見，我們永遠用括量，寫成 $\mid \psi \rangle$，來標定一個狀態。（這當然是任意的選擇，我們可以選擇使用包量 $\langle \psi \mid$，一樣很好。）

8-3　世界的基底狀態是什麼？

我們已經發現，世界所處的任何狀態皆可以表示成基底向量（狀態）的疊加（superposition），亦即基底向量乘以適當係數後的線性組合。首先你或許要問：**什麼**基底狀態？這個嘛，有很多不同的可能性。例如，你可以把自旋映射至 z 軸或其他軸。我們可以用很多很多不同的**表示法**，就好像可以用不同的**座標系**來表示普通向量。下一個問題是：到底要用**什麼**做為係數？這個嗎，要看物理狀況而定。不同組的係數對應到不同的物理條件。重要的是要知道你

所用的「空間」，也就是基底狀態的物理意義。所以一般而論，你首先必須知道基底狀態是什麼。然後你可以瞭解如何以基底狀態來描述一個物理狀況。

我們想要稍微先往前跳幾步，說明一下通常怎麼用量子力學描述自然，至少以目前的物理想法而言。首先，你得決定如何明確的表示基底狀態，不同的表示方式永遠是可能的。例如，對於自旋1/2的粒子而言，我們可以用沿著 z 軸的「正」狀態與「負」狀態。當然 z 軸沒有什麼特殊之處，你可以取自己喜歡的任何其他軸。不過為了一致性，我們永遠取 z 軸。

假設我們一開始的情況有一個電子，除了自旋的兩種可能性（沿著 z 軸的「正」狀態與「負」狀態）之外，還得考慮電子的動量。我們取一組基底狀態，每個態對應到某個動量值。如果電子沒有明確的動量，怎麼辦？那沒問題，我們只在說什麼是**基底**狀態而已。如果電子沒有明確的動量，它會有某一個機率幅對應到它帶有某一動量，另一個機率幅對應到帶有另一動量，等等。如果電子的自旋不必然向上，它就有個機率幅代表它的動量往那邊，同時自旋向上，等等。**依我們目前所知**，能完備描述電子的基底狀態僅需牽涉到**動量**與**自旋**；所以一組可以接受的基底狀態 $|i\rangle$ 必須包括不同的動量與自旋（向上或向下）狀態。機率幅的不同混合，即不同係數 C 的組合，描述了不同的狀況。如要描述某個電子在做什麼，我們就得說明它具有上自旋或下自旋，以及這個動量、或那個動量，以至任何可能動量的機率幅為何。所以，你已看到如要完備的以量子力學方式描述一個電子，得牽涉到什麼東西。

如果系統包含了兩個以上的電子，我們又該如何呢？這時基底狀態就比較複雜。假設我們有兩個電子，首先，我們有四個可能的自旋態：兩個電子的自旋都向上，第一個向下、同時第二個向上，

第一個向上、同時第二個向下，兩個都向下。我們還得指明第一個電子的動量為 p_1，而且第二個電子的動量是 p_2。兩個電子的基底狀態必須能標明兩個動量與兩個自旋態。如果有七個電子，我們就必須標明它們每一個的動量與自旋。

　　如果我們有一個質子與一個電子，我們必須標明質子的自旋方向與動量，以及電子的自旋方向與動量；這麼做，大致上跟真實的狀況相去不遠。**我們其實並不真的知道**什麼是世界正確的表示法。我們只好一開始就假設，只要標明了電子與質子的動量與自旋，就知道了基底狀態；但是質子的「內部」怎麼辦？我們這麼看：氫原子裡有一個質子與一個電子，我們有很多不同的基底狀態要描述，包括質子與電子的自旋，以及它們各種可能的動量；再來又有不同的機率幅 C_i 組合，合起來才能描述氫原子在不同狀態的性質。然而如果我們把整個氫原子看成為一個「粒子」，如果我們不知道氫原子是由一個質子與一個電子所組成的，我們可能一開始就會說：「喔，我知道什麼是基底狀態，它們對應到氫原子的特定動量。」不對，因為氫原子內部還有東西！因此它可能有對應到不同內能的各種狀態，所以需要更多的細節才能描述氫原子的真正性質。

　　問題是：質子的內部還有結構嗎？我們必須知道質子、介子、以及奇異粒子的所有可能狀態才能描述一個質子嗎？我們不知道。再者，即便我們認為電子很單純，只需要談它的動量與自旋就夠了，說不定明天我們就發現電子的內部也有結構。這意味著我們的描述是不完備的，或是錯的，或只是近似而已，就好像只用動量來表示氫原子的性質是不完備的，因為它忽略了氫原子可以有受激態（excited state）。如果一個電子的內部可以受到激發而變成別的東西，例如緲子，則描述電子不僅需要講清楚新粒子的狀態，還應該牽涉到更複雜的內部結構。**今天基本粒子研究的主要問題**在於尋找

什麼是描述自然的正確表示方式。目前，我們**猜**，只要標明動量與自旋就足以描述電子。我們也猜有個理想中的質子，如要瞭解它，得將 π 介子、k 介子等等一切都講清楚，總共好幾打的粒子，這樣做太荒謬了！

「什麼**是**基本粒子、又什麼**不是**基本粒子」這類問題，是你們近來聽了很多的題材，也就是在探討世界最終的量子力學描述，究竟會用上什麼樣的**表示**方式。電子的動量是否還是用來描述自然的正確東西？或是我們根本就不應該這樣子提問題！無論如何，我們看到一個問題，那就是如何找出表示（自然的）方式。我們不知道答案，我們甚至不知道是否問對了問題。不過，如果我們問對了，我們應該先試圖決定，是否任何特定粒子是「基本」粒子。

在非相對論性量子力學裡，如果能量不是太高，以致於你不會擾動到奇異粒子等的內部結構，你不必擔心這些細節，就可以得到相當好的答案。你可以只指明電子與原子核的動量與自旋，一切就不會有問題。在多數的化學反應以及其他低能量的現象裡，核子不會發生變化，它們不會受到激發。甚至於如果氫原子前進的很慢，安靜的碰上其他的氫原子，因而內部結構沒受到激發，也沒有輻射，或任何類似的複雜作用，而是永遠停在內部運動的最低（基態）能量上，你可以近似的把氫原子看成是一個物體或粒子，而不必擔心氫原子內部**可以**發生一些事。只要碰撞的動能遠低於 10 電子伏特（這大約是激發氫原子至另一個內部狀態所需的能量），這就是很好的近似看法。

我們會常常利用這個沒有包括內部運動的近似看法，以減少我們必須放入基底狀態的細節。這麼一來，我們當然就忽略掉了某些（通常）發生在更高能量的現象，但是這種近似看法也讓我們大幅簡化了物理問題的分析工作。舉例而言，我們可以討論兩個氫原子

在低能量時的碰撞，或是任何化學過程，而不必擔心原子核可能受激發。總體而言，當我們可以忽略一個粒子內部受激態的效應時，我們就可以選擇一組基底，裡頭每一個狀態都有明確的動量與角動量的 z 分量。

因此描述自然所碰到的問題之一，就是尋找基底狀態的適當表示法。但是這只是起步而已。我們仍然想要能夠說明「發生」了什麼事。如果我們知道世界在某一時刻的「狀況」，我們還想知道以後的狀況，所以我們必須找出能夠決定事情如何隨時間變化的定律。我們現在就來處理量子力學架構的第二個部分──狀態如何隨時間而改變。

8-4 狀態如何隨時間改變

我們已經談過，如何表示某個東西通過某件儀器的情況。一個方便、有意思的「儀器」就是等上幾分鐘；也就是說你準備好一個狀態 ϕ，在分析它之前，先放置它幾分鐘。你或許會將它放置在某特定的電場或磁場中，這取決於物理狀況。無論如何，不管物體狀態是什麼，你在時間 t_1 與 t_2 之間，不去干擾它。假設這物體在離開第一個儀器之後，於 t_1 時間，處於狀態 ϕ。然後它通過一個「儀器」，但這個「儀器」只是「延遲」至時間 t_2。在等待的過程中，可能進行各種事情，例如施加外力或其他有的沒的，所以發生了某些事。「延遲」終了後，物體處於某個狀態 χ 的機率幅，並不會完全等於不經過「延遲」而就處於狀態 χ 的機率幅。

既然「等待」只是「儀器」的一個特例，我們可以利用一個形式和(8.17)式相同的機率幅來描述所發生的事情。因為「等待」的作用特別重要，我們特別稱它為 U，而不是 A，而且為了標明起始

與終止的時間 t_1 和 t_2，將其寫做 $U(t_2, t_1)$。我們要的機率幅就是

$$\langle \chi \mid U(t_2, t_1) \mid \phi \rangle \tag{8.27}$$

和其他這類的機率幅一樣，上式可以用某個或其他基底系統來表示，寫成

$$\sum_{ij} \langle \chi \mid i \rangle \langle i \mid U(t_2, t_1) \mid j \rangle \langle j \mid \phi \rangle \tag{8.28}$$

所以，U 完全取決於整組的機率幅——矩陣

$$\langle i \mid U(t_2, t_1) \mid j \rangle \tag{8.29}$$

我們可以順便指出，矩陣 $\langle i \mid U(t_2, t_1) \mid j \rangle$ 所含的細節可能遠超所需。研究高能物理的高級理論物理學家會考慮以下一般性的問題（因為這是通常做實驗的方式）。他首先考慮一對粒子，例如質子與質子，從無窮遠處進來而碰在一起。（在實驗室裡，其中一個粒子通常是靜止的，另一個則來自加速器，就原子尺度而言，可以算是來自無窮遠。）這些東西撞在一起，然後出現一些粒子，譬如說，兩個 k 介子、六個 π 介子、兩個中子，它們各有各的動量。

這種事件發生的機率幅是什麼？數學看起來是這樣子的：狀態 ϕ 指明了入射粒子的自旋與動量；狀態 χ 則是關於最後出現的狀況，例如，最後你在某某方向得到了有六個介子，同時有兩個兩中子帶有那樣的自旋，往這樣的方向，這種情況發生的機率幅是什麼？換句話說，如要標定 χ，我們得講明所有最終產物的動量與自旋。理論學家的工作就是計算出機率幅(8.27)。但是他只對 t_1 等於 $-\infty$，而且 t_2 等於 $+\infty$ 的特殊狀況有興趣。（因為在實驗上，我們只能知道進去與出來的東西是什麼，而不知道過程的細節。）在 $t_1 \to -\infty$，$t_2 \to +\infty$ 的極限下，$U(t_2, t_1)$ 稱為 S，所以理論學家所要的

就是

$$\langle x \mid S \mid \phi \rangle$$

或者說，利用(8.28)式，他所計算的是矩陣

$$\langle i \mid S \mid j \rangle$$

這個矩陣稱為 **S 矩陣**。所以你如果看到物理學家在走廊上踱來踱去，而口中說著：「我只需要計算 S 矩陣就好了，」你就知道他在擔心什麼了。

　　如何分析 S 矩陣，如何找出其定律，是有趣的問題。在高能量的相對論性量子力學中，我們用了一種辦法，然而在非相對論性量子力學中，我們用的是另一種非常方便的方法（這個方法也可以用於相對論性的情形，但是並不十分方便），那就是設法找出很短的時間間隔（亦即 t_2 很接近 t_1）的 U 矩陣。如果我們能找到一系列連續時間間隔的這種 U 矩陣，我們就可以觀察事情隨時間如何變化。你馬上可以瞭解，為什麼這個方法不太適用於相對論的情況，因為你不希望必須標明各處的東西「同時」在做什麼。可是我們不必擔心這些事，我們只要擔心非相對論性量子力學。

　　假設我們考慮從時間 t_1 到時間 t_3 的 U 矩陣，t_3 大於 t_2。也就是說，我們有三個時間：$t_1 < t_2 < t_3$。我們宣稱，從 t_1 到 t_3 的 U 矩陣，是從 t_1 到 t_2 的 U 矩陣與從 t_2 到 t_3 的 U 矩陣的乘積。這正類似於兩個儀器 A 與 B 串聯在一起的情況。因此我們可以根據 5-6 節的記號寫下

$$U(t_3, t_1) = U(t_3, t_2) \cdot U(t_2, t_1) \tag{8.30}$$

換句話說，我們可以分析任意的時間間隔，只要我們能夠分析在頭

尾時間之間一連串短間隔的情形。我們只要把這些短時間間隔的 U 矩陣乘起來，這就是分析量子力學的非相對論性辦法。

那麼，我們的問題就是瞭解無窮小時間間隔（$t_2 = t_1 + \Delta t$）的矩陣 $U(t_2, t_1)$。我們問：如果現在有一個狀態 ϕ，在無窮小時間 Δt 之後，這個狀態會是什麼樣子？該怎麼找答案呢？如果把時間等於 t 時的狀態稱爲 $|\psi(t)\rangle$（我們把 ψ 是時間的函數這一點明白的寫出來，以清楚的表示它是時間 t 時的狀況），我們問：什麼是 Δt 時間之後的狀況？答案是

$$|\psi(t + \Delta t)\rangle = U(t + \Delta t, t)|\psi(t)\rangle \tag{8.31}$$

上式的意義和(8.25)式一樣，亦即在 $t + \Delta t$ 時刻發現 x 的機率幅是

$$\langle x|\psi(t + \Delta t)\rangle = \langle x|U(t + \Delta t, t)|\psi(t)\rangle \tag{8.32}$$

既然我們對於這些抽象的東西還不是很在行，就讓我們把機率幅影射至一個明確的表示法。把(8.31)式等號的兩邊都乘上 $\langle i|$，就得到

$$\langle i|\psi(t + \Delta t)\rangle = \langle i|U(t + \Delta t, t)|\psi(t)\rangle \tag{8.33}$$

我們也可以用一組基底狀態來分解 $|\psi(t)\rangle$，把上式寫成

$$\langle i|\psi(t + \Delta t)\rangle = \sum_j \langle i|U(t + \Delta t, t)|j\rangle\langle j|\psi(t)\rangle \tag{8.34}$$

我們用以下的方式來理解(8.34)式。如果讓 $C_i(t) = \langle i|\psi(t)\rangle$ 代表在時間 t 於狀態 i 的機率幅，則我們可以把這個機率幅（這只是一個**數字**，注意！）想成是會隨時間改變的東西，每個 C_i 變成時間 t 的函數。關於機率幅 C_i **如何**隨時間而改變，我們也有些資訊。每個在 $t + \Delta t$ 時刻的機率幅，都正比於**所有其他**在 t 時刻的機率幅乘

以一組係數。讓我們稱 U 矩陣爲 U_{ij}，意思是

$$U_{ij} = \langle i \mid U \mid j \rangle$$

那麼，我們可以將(8.34)式寫成

$$C_i(t + \Delta t) = \sum_j U_{ij}(t + \Delta t, t)C_j(t) \qquad (8.35)$$

這個式子，就是以後量子力學的動力學方程式的樣子。

我們還不很瞭解 U_{ij} 是什麼，除了一件事。我們知道如果 Δt 趨近於零，什麼事也不會發生，我們應該得到原來的狀態。所以，$U_{ii} \rightarrow 1$ 且 $U_{ij} \rightarrow 0$，如果 $i \neq j$。換句話說，當 $\Delta t \rightarrow 0$，則 $U_{ij} \rightarrow \delta_{ij}$。另外，我們可以假設如果 Δt 很小，每個 U_{ij} 係數就不應該等於 δ_{ij}，兩者的差會正比於 Δt。因此，我們寫下

$$U_{ij} = \delta_{ij} + K_{ij} \Delta t \qquad (8.36)$$

然而，爲了歷史以及其他理由，我們通常從 K_{ij} 係數中提出 $(-i/\hbar)$ 因子*，而喜歡寫成

$$U_{ij}(t + \Delta t, t) = \delta_{ij} - \frac{i}{\hbar} H_{ij}(t) \Delta t \qquad (8.37)$$

這個式子當然和(8.36)式相等，而且如果你願意這麼看，它正定義了係數 $H_{ij}(t)$。H_{ij} 只是係數 $U_{ij}(t_2, t_1)$ 對於 t_2 的微分在 $t_2 = t_1 = t$ 時的值。

將這個形式的 U 代入(8.35)式中，就得到

---

*原注：我們有一點記號上的麻煩。$(-i/\hbar)$ 因子中的 i 代表虛數 $\sqrt{-1}$，而**不是**標定第 i 個基底狀態的**指數** i！我們希望你不會覺得太困惑。

$$C_i(t + \Delta t) = \sum_j \left[\delta_{ij} - \frac{i}{\hbar} H_{ij}(t) \Delta t \right] C_j(t) \qquad (8.38)$$

其中的 δ_{ij} 項累加後就得到 $C_i(t)$。我們可以把這一項搬到方程式的左邊，然後除以 Δt，就得到一微分項

$$\frac{C_i(t + \Delta t) - C_i(t)}{\Delta t} = - \frac{i}{\hbar} \sum_j H_{ij}(t) C_j(t)$$

或

$$i\hbar \frac{dC_i(t)}{dt} = \sum_j H_{ij}(t) C_j(t) \qquad (8.39)$$

你記得 $C_i(t)$ 是（在時間 t）發現狀態 ψ 處於基底狀態之一 i 的機率幅 $\langle i | \psi \rangle$，所以(8.39)式告訴我們每個係數 $\langle i | \psi \rangle$ 如何隨時間而改變。但是這等於說，(8.39)式告訴了我們狀態 ψ 如何隨時間而變，因為我們正是以機率幅 $\langle i | \psi \rangle$ 來描述 ψ。ψ 隨時間的變化就由矩陣 H_{ij} 來描述。H_{ij} 當然必須包括我們施加於系統上以改變它的東西。如果我們知道了 H_{ij}，它包括所研究問題的物理，而且一般而言，H_{ij} 可以隨時間而變，我們就有了關於系統的行為如何隨時間改變的完整描述。那麼，(8.39)式就是世界動力學的量子力學定律。

（我們應該說，我們永遠採用一組固定且不隨時間改變的基底狀態。有些人用會隨時間變化的基底狀態，然而那就好比在力學中使用旋轉座標；我們不願扯入這種比較複雜的情形。）

8-5 哈密頓矩陣

因此，目前的想法是為了描述量子力學世界，我們需要選一組基底狀態 i，同時定出矩陣係數 H_{ij}，以便寫下物理定律。這麼一

來，一切就齊全了，任何關於未來會發生什麼的問題，我們都可以回答。所以，我們必須學習一些規則，以便找出對應於任何特定物理狀況的 H，包括對應到磁場或電場等等的狀況。這是最困難的部分。例如，對於新的奇異粒子而言，我們完全不知道該用什麼 H_{ij}。換句話說，沒有人知道描述世界所需的完整 H_{ij}。（困難之一在於，我們很難發現 H_{ij}，如果我們連什麼是基底狀態都不知道！）但是對於非相對論性現象，以及某些其他特殊的情況來說，我們的確有很好的近似方法；尤其是我們有描述原子中電子運動所需的 H_{ij}，也就是說我們可以描述化學。然而，我們不知道整個宇宙完整且真實的 H。

H_{ij} 係數稱為**哈密頓矩陣**，或是**哈密頓算符**。〔究竟為什麼量子力學的矩陣會以 1830 年代的哈密頓（William R. Hamilton, 1805-1865）做為命名的依據，則是一樁歷史故事。〕其實，它更適當的名字是**能量矩陣**，為什麼這樣，你以後就會明白。所以**真正**的問題就是：認識你的哈密頓算符！

哈密頓算符有一個性質，馬上可以推導出來，那就是

$$H_{ij}^* = H_{ji} \qquad (8.40)$$

這個性質來自於「系統處於**某**狀態的總機率是固定的」這一條件。如果你一開始有一個粒子，也可以是一個物體或世界，那麼這個粒子在以後的時間也依然存在。發現這個粒子總會位於某個地方的機率是

$$\sum_i |C_i(t)|^2$$

這個機率是不隨時間改而變的。如果對於任何起始狀態 ϕ 而言，我們都希望有這個條件，那麼(8.40)式必須成立。

我們先用以下的情況做爲第一個例子：物理環境不隨時間而改變，也就是**外在**物理條件是固定的，所以 H 與時間無關。沒有人把磁鐵開了又關。我們選的系統只需要用一個基底狀態就可以描述；對於一個靜止的氫原子或類似的東西來說，這樣的近似說法是說得過去的。這麼一來，(8.39)式成爲

$$ i\hbar \frac{dC_1}{dt} = H_{11}C_1 \tag{8.41}$$

只有一個方程式，全部就是這樣！而且如果 H_{11} 是常值，則很容易找到這個方程式的解：

$$ C_1 = （定值）e^{-(i/\hbar)H_{11}t} \tag{8.42}$$

這種形式的解所描述的狀態，帶有固定的能量 $E = H_{11}$。你現在就可以理解爲什麼 H_{ij} 應該稱爲能量矩陣；它是能量在更複雜情況下的推廣。

接下來，爲了多瞭解一下關於這些方程式的意義，我們考慮有兩個基底狀態的系統。在這個情形下，(8.39)式就是

$$ i\hbar \frac{dC_1}{dt} = H_{11}C_1 + H_{12}C_2 $$
$$ i\hbar \frac{dC_2}{dt} = H_{21}C_1 + H_{22}C_2 \tag{8.43}$$

如果 H_{ij} 再一次與時間無關，你可以輕易的解出這些方程式。我們把這個有趣的問題留給你去玩，以後我們會回到這個問題。是的，只要 H_{ij} 與時間無關，你不必知道 H_{ij}，就可以解決量子力學問題。

8-6　氨分子

　　我們現在要告訴你，如何用量子力學的動力學方程式來描述一特殊的物理狀況。我們選了一個有趣但簡單的例子，只要對於這個系統的哈密頓算符做些合理的猜測，就可以算出某些重要，甚至實用的結果。我們要考慮可以用兩個狀態來描述的系統：氨分子。

　　氨分子有一個氮原子與三個氫原子。三個氫原子位於氮原子之下的一個平面上，所以氨分子看起來像金字塔，如圖 8-1(a) 所示。這個分子和任何其他分子一樣，有無窮多個狀態，它可以繞著任何可能的軸旋轉、它可以往任何方向前進、它可以有內部的振動等等，因此氨分子並不是個雙態（two-state）系統。但是我們要取個近似，將其他狀態都固定住，因爲這些態與我們目前的問題不相干。我們只考慮分子繞著它的對稱軸旋轉（如圖所示），平移動量爲零，而且盡可能的不振動。如此就標明了所有的條件，只除了一項：**氮原子還有兩個可能的位置**——氮原子可以在氫原子平面的一邊或另外一邊，如圖 8-1(a) 與 (b) 所示。

　　所以我們將把氨分子當成一個雙態系統，意思是我們只關心這兩個態，其他的態都不動。即使我們知道它以某個角動量繞著軸旋轉、以某個動量前進、同時以明確的方式振動，它還是只有兩個可能的狀態。如果氮原子是在「上面」，我們說氨分子處於狀態 $|1\rangle$，如同圖 8-1(a) 所示；而如果氮原子是在「下面」，則氨分子處於狀態 $|2\rangle$，如同圖 8-1(b) 所示。以我們對氨分子行爲的分析來說，狀態 $|1\rangle$ 跟 $|2\rangle$ 就是一組基底狀態。任何時刻，分子的實際狀態 $|\psi\rangle$ 可以用處於狀態 $|1\rangle$ 的機率幅 $C_1 = \langle 1 | \psi \rangle$，以及處於狀態 $|2\rangle$ 的機率幅 $C_2 = \langle 2 | \psi \rangle$ 來表示。那麼，我們可以用(8.8)式，把態向量

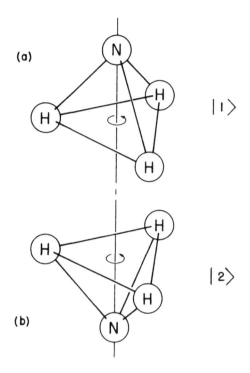

圖8-1 氨分子兩種相等的幾何安排

$|\psi\rangle$ 寫成

$$|\psi\rangle = |I\rangle\langle I|\psi\rangle + |2\rangle\langle 2|\psi\rangle$$

或

$$|\psi\rangle = |I\rangle C_1 + |2\rangle C_2 \qquad (8.44)$$

現在有趣的是，如果已經知道分子在某個時刻處於某狀態，稍後它並**不**會留在同一狀態。兩個 C 係數會依據(8.43)式（適用於雙

態系統）隨時間而改變。假設，譬如說，你做了一次觀測，或者篩選了某些分子，因此你**知道**分子**起初**處於狀態 $|1\rangle$。過了一會兒，可能會發現分子變成處在狀態 $|2\rangle$。如要找出這樣子的機率有多大，我們必須解(8.43)式，這方程式決定了機率幅如何隨時間而改變。

　　唯一的問題是，我們不知道方程式(8.43)中的係數 H_{ij} 是什麼。但我們**還是**知道一些事情。假設分子一旦是在狀態 $|1\rangle$，它就沒有機會變成狀態 $|2\rangle$，同時反過來也是一樣，則 H_{12} 與 H_{21} 就都是零，(8.43)式便成為

$$i\hbar \frac{dC_1}{dt} = H_{11}C_1, \quad i\hbar \frac{dC_2}{dt} = H_{22}C_2$$

這種方程式很容易解，答案是

$$C_1 = (定值)e^{-(i/\hbar)H_{11}t}, \quad C_2 = (定值)e^{-(i/\hbar)H_{22}t} \quad (8.45)$$

它們只是**定態**（stationary state）的機率幅，這兩個定態的能量分別是 $E_1 = H_{11}$ 及 $E_2 = H_{22}$。不過，我們注意到對於氨分子而言，$|1\rangle$ 與 $|2\rangle$ 這兩個態是對稱的，所以如果自然是合理的，矩陣元素 H_{11} 與 H_{22} 應該相等，我們稱這能量為 E_0。

　　但是(8.45)式並沒有告訴我們氨分子到底在做什麼。其實氮原子可能穿過三個氫原子的平面，翻到另一邊去。這是相當困難的，需要很多能量才做得到。氮原子如果沒有足夠能量，怎麼做得到？其實氮原子有**某個**機率幅**可以**穿透能量障壁（energy barrier）。在量子力學中，粒子可以很快的偷偷跑過一個就能量而言是禁止的區域。因此，分子如果一開始是在狀態 $|1\rangle$，它有個很小的機率幅會變成狀態 $|2\rangle$，亦即係數 H_{12} 與 H_{21} 其實不是零。我們可以再次根據對稱性，宣稱 H_{12} 與 H_{21} 應該相等，起碼它們的絕對值是一樣

的。事實上,我們已經知道,一般而言,H_{ij} 必須等於 H_{ji} 的共軛複數,所以它們頂多差個相位。其實如果讓 H_{12} 等於 H_{21},並沒有減損問題的一般性,這你馬上就會瞭解。我們為了以後的方便,讓它們等於一個負數,也就是 $H_{12} = H_{21} = -A$。這麼一來,我們就有以下一對方程式:

$$i\hbar \frac{dC_1}{dt} = E_0 C_1 - A C_2 \qquad (8.46)$$

$$i\hbar \frac{dC_2}{dt} = E_0 C_2 - A C_1 \qquad (8.47)$$

這些方程式很簡單,有幾種辦法可以解,以下是其中方便的一種:將兩方程式加在一起,我們就有

$$i\hbar \frac{d}{dt}(C_1 + C_2) = (E_0 - A)(C_1 + C_2)$$

它的解是

$$C_1 + C_2 = a e^{-(i/\hbar)(E_0 - A)t} \qquad (8.48)$$

接著,取(8.46)式與(8.47)式的差,就有

$$i\hbar \frac{d}{dt}(C_1 - C_2) = (E_0 + A)(C_1 - C_2)$$

其解是

$$C_1 - C_2 = b e^{-(i/\hbar)(E_0 + A)t} \qquad (8.49)$$

a 與 b 是兩個積分常數,我們當然要依據問題的起始條件來決定它們。現在只要把(8.48)式與(8.49)式相加與相減,就得到 C_1 與 C_2:

$$C_1(t) = \frac{a}{2} e^{-(i/\hbar)(E_0 - A)t} + \frac{b}{2} e^{-(i/\hbar)(E_0 + A)t} \qquad (8.50)$$

$$C_2(t) = \frac{a}{2} e^{-(i/\hbar)(E_0 - A)t} - \frac{b}{2} e^{-(i/\hbar)(E_0 + A)t} \qquad (8.51)$$

C_1 與 C_2 的差別，只是在第二項的正負號。

　　我們找到了方程式的解，但它們的意思是什麼？（量子力學的麻煩就是，除了解出方程式，還要瞭解這些解的意義！）首先注意，如果 $b = 0$，C_1 與 C_2 有相等的頻率 $\omega = (E_0 - A)/\hbar$。如果東西僅遵循一個頻率在變化，系統一定是處於具有固定能量的狀態，在這裡，能量就是 $(E_0 - A)$。所以存在著一個帶有這個能量的定態，其中兩個機率幅 C_1 與 C_2 相等。我們得到的結果是，如果氮原子在「上」與在「下」的機率幅相等，**氨分子就帶有明確的能量** $(E_0 - A)$。

　　如果 $a = 0$，我們就得到另一個定態解，兩個機率幅的頻率都是 $(E_0 + A)/\hbar$。所以如果兩個機率幅的大小相等、符號相反，即 $C_1 = -C_2$，則存在著另一個帶有固定能量 $(E_0 + A)$ 的狀態。只有兩個狀態有固定的能量。下一章我們會詳細討論氨分子的狀態，在這裡我們只討論幾件事情。

　　我們的結論是，**由於**氮原子可能從一個位置翻到另一個位置，分子的能量就不僅是 E_0，和我們的預期不一樣，而是有**兩個**能階 $(E_0 + A)$ 與 $(E_0 - A)$。氨分子的每一個可能狀態，不管它有什麼能量，都「分裂」成兩個能階。我們說**每一個**狀態，原因是你記得我們已經挑出了某個旋轉的特定狀態以及內能等等。對於每一個這類的可能條件來說，由於分子的正反性，都有前面講過的雙重能階。

　　我們現在問以下的問題：假設在 $t = 0$ 時，我們**知道**分子處於狀態 $|1\rangle$，換句話說，$C_1(0) = 1$ 且 $C_2(0) = 0$。那麼在時間 t，我們發現分子處於狀態 $|2\rangle$ 的機率是多少？或者仍然處於狀態 $|1\rangle$ 的機率是多少？我們的起始條件決定了 (8.50) 與 (8.51) 式中的 a 與 b。當 t

$= 0$，我們有

$$C_1(0) = \frac{a+b}{2} = 1, \qquad C_2(0) = \frac{a-b}{2} = 0$$

顯然 $a = b = 1$。將這些值帶入 $C_1(t)$ 與 $C_2(t)$ 的公式，我們就得到

$$C_1(t) = e^{-(i/\hbar)E_0 t} \left(\frac{e^{(i/\hbar)A t} + e^{-(i/\hbar)A t}}{2} \right)$$

$$C_2(t) = e^{-(i/\hbar)E_0 t} \left(\frac{e^{(i/\hbar)A t} - e^{-(i/\hbar)A t}}{2} \right)$$

以上的結果可以寫成

$$C_1(t) = e^{-(i/\hbar)E_0 t} \cos \frac{At}{\hbar} \tag{8.52}$$

$$C_2(t) = ie^{-(i/\hbar)E_0 t} \sin \frac{At}{\hbar} \tag{8.53}$$

這兩個機率幅的絕對值是時間的諧函數（harmonic function）。

在時間 t 發現分子於狀態 $|2\rangle$ 的機率，是 $C_2(t)$ 絕對值的平方：

$$|C_2(t)|^2 = \sin^2 \frac{At}{\hbar} \tag{8.54}$$

這機率一開始是 0（本當如此），然後升為 1，然後又振盪回來介於 0 跟 1 之間，如圖 8-2 中的 P_2 曲線所示。分子處於狀態 $|1\rangle$ 的機率，當然也不是維持在 1，它會「流」進第二個態，直到發現粒子在第一態的機率為 0，如圖 8-2 中的 P_1 曲線所示。機率在兩者之間來回振盪。

很久以前我們討論過一對相同且彼此之間有些許耦合的擺，我們學到了這樣系統的行為（見第 I 卷第 49 章）。如果把一個擺提起來，然後放掉，它就會搖起來，漸漸的另一個擺也搖了起來。很快的，第二個擺會得到所有的能量。然後過程就反過來，第一個擺獲

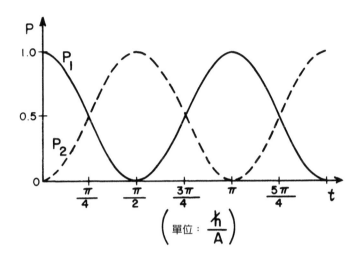

圖8-2 如果氨分子在 $t = 0$ 時處於狀態 $|1\rangle$，P_1 是它在時間 t 仍處於狀態 $|1\rangle$ 的機率，P_2 則是氨分子在時間 t 處於狀態 $|2\rangle$ 的機率。

得了能量。這和前面的情形完全一樣。能量在兩者之間振盪的速率，也就是「振盪」從一個擺洩漏到另一個擺的速率，取決於兩個擺之間的耦合。你也應該還記得，這兩個擺有兩種稱為基諧模 (fundamental mode) 的特別運動，每一種都有其特定的能量。如果我們把兩個擺一起往外拉，它們就一起以一個頻率振盪。反過來，如果我們把一個擺拉向一邊，把另一個擺拉向另一邊，放開後，它們會以另一個頻率振盪，這是另一個定態模。

這裡我們有個類似的情況，在數學上，氨分子就像一對擺。有兩個頻率$(E_0 + A)/\hbar$以及$(E_0 - A)/\hbar$，分別對應到一起振盪以及相反振盪。

把氨分子與雙擺相類比，所呈現的意義只是「同樣的方程式有同樣的解」。機率幅所滿足的線性方程式(8.39)很像諧振子（harmonic oscillator）的線性方程式。（事實上，這正是古典折射率理論成功的理由，因爲我們在那理論中用諧振子取代量子力學原子，儘管以古典觀點而言，這不是描述電子環繞著原子核的適當方式。）如果你把氮原子拉到一邊，你所得到的是兩種頻率的**疊加**，這是一種**拍音**（beat note），因爲系統**不**是處於固定頻率的某種或其他狀態。不過，氨分子能階的分裂，純粹是量子力學的效應。

　　下一章，我們將描述氨分子能階的分裂有重要的應用；我們終於有了一個可以用量子力學來理解的實際例子。

第9章

氨邁射

9-1 氨分子的狀態

我們在這一章要討論量子力學在實際裝置上的應用，那就是氨邁射（ammonia maser）。你或許會覺得奇怪，為什麼要中斷對於量子力學理論的討論，而來研究這個特殊問題，不過你將會發現這個問題的很多特徵其實在量子力學一般理論中相當常見，所以你如果仔細研究了這個問題，就會學到很多東西。氨邁射是一種產生電磁波的裝置，它的操作原理是基於前一章已約略談過的氨分子性質。我們首先扼要回顧一下學過的東西。

氨分子雖然有很多狀態，但我們只把它看成是一個雙態系統，也就是說所考慮的氨分子已經是處於某種明確的旋轉或平移狀態，我們要瞭解的是這種氨分子的行為。一個描述雙態的具像化物理模型是這樣子的：如果把氨分子想成是繞著通過氮原子而垂直於氫原子平面的軸旋轉，見圖 9-1，則仍存有兩種可能的情況——氮原子

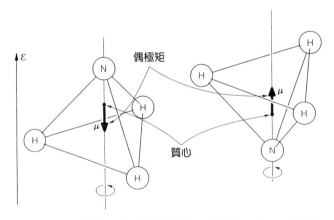

圖9-1 氨分子兩個基底狀態的物理模型。這些狀態帶有電偶極矩 μ。

可以位於氫原子平面的這一邊或另一邊。我們稱這兩個態為 $|1\rangle$ 和 $|2\rangle$。這兩個態構成一組基底狀態，用於分析氨分子的行為。

有兩個基底狀態的系統中，任何狀態 $|\psi\rangle$ 永遠可以寫成這兩個基底狀態的線性組合：也就是說，有某個機率幅 C_1 讓系統處於狀態 $|1\rangle$，有另一個機率幅 C_2 讓系統處於狀態 $|2\rangle$。我們把態向量寫成

$$|\psi\rangle = |1\rangle C_1 + |2\rangle C_2, \tag{9.1}$$

其中

$$C_1 = \langle 1|\psi\rangle \quad \text{以及} \quad C_2 = \langle 2|\psi\rangle$$

這兩個機率幅會根據哈密頓方程式(8.43)式，隨時間而改變。利用氨分子雙態的對稱性，我們令 $H_{11} = H_{22} = E_0$，$H_{12} = H_{21} = -A$，所得到的解是（見(8.50)式與(8.51)式）

$$C_1 = \frac{a}{2} e^{-(i/\hbar)(E_0-A)t} + \frac{b}{2} e^{-(i/\hbar)(E_0+A)t} \tag{9.2}$$

$$C_2 = \frac{a}{2} e^{-(i/\hbar)(E_0-A)t} - \frac{b}{2} e^{-(i/\hbar)(E_0+A)t} \tag{9.3}$$

我們現在要更仔細的研究一下這個通解。假設我們一開始將分子放入一個狀態 $|\psi_{II}\rangle$，這個態的特色是係數 b 等於零。那麼，在 $t = 0$ 時，處於狀態 $|1\rangle$ 的機率幅就等於處於狀態 $|2\rangle$ 的機率幅，**而且永遠保持這樣**：兩個機率幅的相位以相同的方式隨著時間而改變，亦即它們的頻率都是 $(E_0-A)/\hbar$。類似的，如果我們一開始將分子放入另一種狀態 $|\psi_I\rangle$，這個態的係數 $a = 0$，則機率幅 C_2 就等於負 C_1，而且永遠如此：兩個機率幅隨時間變化的頻率是 $(E_0 + A)/\hbar$。以上是僅有的兩個狀態，能讓 C_1 與 C_2 比值保持固定（不隨

時間而改變）。

我們找到了兩個特殊解，其中兩個機率幅有**固定的絕對值**，而且兩個機率幅的相位以相同的頻率變化。這樣的狀態是我們在 7-1 節所定義的**定態**，亦即它們是**具有確定能量的狀態**。狀態 $|\psi_{II}\rangle$ 的能量是 $E_{II} = E_0 - A$，狀態 $|\psi_I\rangle$ 的能量是 $E_I = E_0 + A$。它們是僅有的兩個定態，所以我們發現分子有兩個能階，其能量差是 $2A$（我們所指的，當然是前面談過的某個旋轉與振動狀態的兩個能階）★。

如果我們不允許氮分子有來回跳躍的機會，則 A 等於零，這兩個能階就重疊在一起，能量都是 E_0。真正的能階並不是這樣，它們的**平均**能量雖然是 E_0，但是真正的能量卻各自與 E_0 差了 $\pm A$，使得這兩個狀態的能量差了 $2A$。既然 A 事實上很小，因此能量之差也就很小。

如果要激發原子裡的**電子**，所需要的能量相對而言是很大的，需要波長在可見光或紫外光範圍的光子；如要激發分子的**振動**，需要的是紅外光；如要激發**旋轉**，需要的是遠紅外光。但是能量差 $2A$，比以上這些光子的能量還要小，事實上比紅外光還要小，而是屬於微波範圍了。人們從實驗中發現了一對能階，其能量差是 10^{-4} 電子伏特，對應到 24,000 百萬赫的頻率。它的意義顯然是 $2A = hf$，而 f 等於 24,000 百萬赫（也就是波長為 $1\frac{1}{4}$ 公分）。所以我們有了一個分子，它會發射微波，而不是一般的光。

　　★原注：如果你有個便利的方法來區分阿拉伯數字的「1 與 2」以及羅馬數字的「I 與 II」，不論是你唸給自己或唸給別人聽，這樣做，在以下的討論中，會很有幫助。我們覺得把阿拉伯數字唸成 one 與 two，把 I 與 II 唸成「eins」與「zwei」（雖然唸成「unus」與「duo」或許更符合邏輯），是很方便的做法。

　　為了方便以後的討論，我們需要更仔細的描述這兩個帶有明確能量的狀態。假設我們造出了一個機率幅 C_{II}，它是兩個數字 C_1 與 C_2 的和：

$$C_{II} = C_1 + C_2 = \langle 1 | \Phi \rangle + \langle 2 | \Phi \rangle \tag{9.4}$$

這到底是什麼意思？嗯，C_{II} 是發現狀態 $| \Phi \rangle$ 處於新狀態 $| II \rangle$ 的機率幅，而原先兩個基底狀態處於 $| II \rangle$ 的機率幅相等。換句話說，將 C_{II} 寫成 $\langle II | \Phi \rangle$，我們就可以把 $| \Phi \rangle$ 從(9.4)式中提出來，因為(9.4)式對於任何 $| \Phi \rangle$ 都成立，於是我們會得到

$$\langle II | = \langle 1 | + \langle 2 |$$

也就是說

$$| II \rangle = | 1 \rangle + | 2 \rangle \tag{9.5}$$

狀態 $| II \rangle$ 處於狀態 $| 1 \rangle$ 的機率幅是

$$\langle 1 | II \rangle = \langle 1 | 1 \rangle + \langle 1 | 2 \rangle$$

這個機率幅的值當然是 1，因為 $| 1 \rangle$ 與 $| 2 \rangle$ 是基底狀態。狀態 $| II \rangle$ 處於狀態 $| 2 \rangle$ 的機率幅也是 1，所以狀態 $| II \rangle$ 處於基底狀態 $| 1 \rangle$ 的機率幅與處於 $| 2 \rangle$ 的機率幅是相同的。

　　但是我們稍有些麻煩，狀態 $| II \rangle$ 處於**這個**或**那個**基底狀態的機率總和竟然大於 1！這其實代表我們的態向量還沒有「歸一化」。我們只要記得 $\langle II | II \rangle$ 應該等於 1（任何狀態都應該如此），就可以解決這個問題。讓以下的一般公式

$$\langle x | \Phi \rangle = \sum_i \langle x | i \rangle \langle i | \Phi \rangle$$

中的 Φ 與 x 等於狀態 II，然後對於基底狀態 |1⟩ 與 |2⟩ 累加起來，就得到

$$\langle II \mid II \rangle = \langle II \mid 1 \rangle \langle 1 \mid II \rangle + \langle II \mid 2 \rangle \langle 2 \mid II \rangle$$

它的值會等於 1，只要我們改變(9.4)式中 C_{II} 的定義，變成

$$C_{II} = \frac{1}{\sqrt{2}} [C_1 + C_2]$$

同樣的，我們可以造出一個機率幅

$$C_I = \frac{1}{\sqrt{2}} [C_1 - C_2]$$

或是說

$$C_I = \frac{1}{\sqrt{2}} [\langle 1 \mid \Phi \rangle - \langle 2 \mid \Phi \rangle] \tag{9.6}$$

這個機率幅是狀態 |Φ⟩ 投射至一個新狀態 |I⟩ 的機率幅，這個新狀態處於狀態 |1⟩ 的機率幅剛好和處於 |2⟩ 的機率幅差了一個負號。換句話說，(9.6)式的意思等於

$$\langle I \mid = \frac{1}{\sqrt{2}} [\langle 1 \mid - \langle 2 \mid]$$

或是

$$\mid I \rangle = \frac{1}{\sqrt{2}} [\mid 1 \rangle - \mid 2 \rangle] \tag{9.7}$$

從上面的式子可以得到

$$\langle 1 \mid I \rangle = \frac{1}{\sqrt{2}} = -\langle 2 \mid I \rangle$$

我們花時間來解釋這些事情的原因是，狀態 |I⟩ 與 |II⟩ 可以**拿來做為一組新的基底狀態**，它們用來描述氨分子的定態特別方

便。你應該記得一組基底狀態必須滿足的條件

$$\langle i \,|\, j \rangle = \delta_{ij}$$

我們已經做到讓

$$\langle I \,|\, I \rangle = \langle II \,|\, II \rangle = 1$$

你很容易從(9.5) 式與(9.7)式得到

$$\langle I \,|\, II \rangle = \langle II \,|\, I \rangle = 0$$

機率幅 $C_I = \langle I \,|\, \Phi \rangle$ 與 $C_{II} = \langle II \,|\, \Phi \rangle$（即任何狀態 Φ 處於新基底狀態 $|I\rangle$ 與 $|II\rangle$ 的機率幅）也必須滿足形式如(8.39)式的哈密頓方程式。事實上我們如果讓(9.2)式減去(9.3)式，然後對時間 t 微分，就會得到

$$i\hbar \frac{dC_I}{dt} = (E_0 + A)C_I = E_I C_I \qquad (9.8)$$

反過來，如果把(9.2)式與(9.3)式加起來，就得到

$$i\hbar \frac{dC_{II}}{dt} = (E_0 - A)C_{II} = E_{II} C_{II} \qquad (9.9)$$

如果以 $|I\rangle$ 與 $|II\rangle$ 為基底狀態，哈密頓矩陣的形式就很簡單：

$$H_{I,I} = E_I, \qquad H_{I,II} = 0$$
$$H_{I,II} = 0, \qquad H_{II,II} = E_{II}$$

請注意(9.8)與(9.9)這兩個方程式跟 8-6 節中單態系統的方程式一樣。它們的解是時間的指數函數，每個解都只牽涉到單一的能量。

處於各個基底狀態的機率幅各自獨立的隨時間在變化。

我們上面發現的兩個定態 $|\psi_I\rangle$ 與 $|\psi_{II}\rangle$，當然就是(9.8)式與 (9.9)式的解。狀態 $|\psi_I\rangle$（其 C_1 等於 $-C_2$）有

$$C_I = e^{-(i/\hbar)(E_0+A)t}, \qquad C_{II} = 0 \qquad\qquad (9.10)$$

而狀態 $|\psi_{II}\rangle$（其 C_1 等於 C_2）則有

$$C_I = 0, \qquad C_{II} = e^{-(i/\hbar)(E_0-A)t} \qquad\qquad (9.11)$$

記得(9.10)式中的機率幅是

$$C_I = \langle I|\psi_I\rangle \quad \text{以及} \quad C_{II} = \langle II|\psi_I\rangle;$$

所以(9.10)式的意思等於

$$|\psi_I\rangle = |I\rangle\, e^{-(i/\hbar)(E_0+A)t}$$

也就是說定態 $|\psi_I\rangle$ 的態向量與基底狀態 $|I\rangle$ 的態向量一樣，除了 和狀態能量有關的指數因子不同。事實上，當 $t=0$，

$$|\psi_I\rangle = |I\rangle$$

亦即狀態 $|I\rangle$ 與能量為 $E_0 + A$ 的定態有相同的物理型態（configura- tion）。同樣的，我們有第二個定態

$$|\psi_{II}\rangle = |II\rangle\, e^{-(i/\hbar)(E_0-A)t}$$

當 $t=0$ 時，狀態 $|II\rangle$ 只是能量為 $E_0 - A$ 的定態。所以，我們的兩 個新基底狀態與具有明確能量的狀態有一樣的形式，我們只是把指 數時間因子拿掉，好讓它們成為與時間無關的基底狀態。（為了方 便起見，此後我們不必區別定態 $|\psi_I\rangle$ 和 $|\psi_{II}\rangle$ 以及它們的基底狀

態 $|I\rangle$ 和 $|II\rangle$，因為它們的差別只在於很明顯的時間因子。）

總之，態向量 $|I\rangle$ 和 $|II\rangle$ 這一對基底向量適合於描述氨分子的確定能態。它們和原來基底向量的關係是

$$|I\rangle = \frac{1}{\sqrt{2}}[|1\rangle - |2\rangle], \quad |II\rangle = \frac{1}{\sqrt{2}}[|1\rangle + |2\rangle] \quad (9.12)$$

處於 $|I\rangle$ 和 $|II\rangle$ 的機率幅，和 C_1 與 C_2 的關係則是

$$C_I = \frac{1}{\sqrt{2}}[C_1 - C_2], \quad C_{II} = \frac{1}{\sqrt{2}}[C_1 + C_2] \quad (9.13)$$

任何狀態皆可以表示成 $|1\rangle$ 和 $|2\rangle$ 的線性組合（係數是 C_1 與 C_2），或是具有明確能量的基底狀態 $|I\rangle$ 和 $|II\rangle$ 的線性組合（係數是 C_I 與 C_{II}）。因此

$$|\Phi\rangle = |1\rangle C_1 + |2\rangle C_2$$

或是

$$|\Phi\rangle = |I\rangle C_I + |II\rangle C_{II}$$

我們從第二個形式得到狀態 $|\Phi\rangle$ 處於 $|I\rangle$（具有能量 $E_I = E_0 + A$）的機率幅，或是處於 $|II\rangle$（具有能量 $E_{II} = E_0 - A$）的機率幅。

9-2 靜電場中的分子

如果氨分子所處的狀態是帶有固定能量的兩個狀態之一，同時我們用頻率為 ω 的輻射去擾動它（ω 滿足 $\hbar\omega = E_I - E_{II} = 2A$ 這個條件），則這個系統可能從一個狀態躍遷至另一個狀態。如果它原先

處於能量較高的態，就可能放出一個光子，而變到能量較低的態。不過為了要誘發這種躍遷，你必須和系統有物理上的關聯，也就是有某種擾動系統的方法；必須有某個能影響系統狀態的外部機制，例如磁場或電場。在這裡，這些狀態對於電場很敏感，因此我們的下一步就是研究氨分子處於外在電場下的行為。

　　為了討論電場中的行為，我們回到原先的基底系統 $|1\rangle$ 和 $|2\rangle$，而不利用 $|I\rangle$ 和 $|II\rangle$。假設有一個電場其方向垂直於氫原子平面，如果暫且不考慮氮分子來回跳躍的可能，對於氮原子的兩種位置而言，氨分子的能量是否都一樣？一般而言，答案是不！以氮原子和氫原子核相比，電子傾向於更靠近氮原子一些，所以氫原子就變成稍帶正電的原子，實際的電荷則取決於詳細的電子分布。這個分布究竟為何，是很複雜的問題，總之，結果是氨分子具有電偶極矩（electric dipole moment），如圖 9-1 所示。我們在不知道電荷移動的方向與大小等細節的情況下，仍可以繼續討論。為了和別人的記號相符，我們假設電偶極矩是 $\boldsymbol{\mu}$，方向是從氮原子指向並垂直於氫原子平面。＊

　　當氮原子從一邊跳到另一邊，質心不會移動，但是電偶極矩會跟著改變，因為這個改變，氨分子在電場 ε 中的能量取決於分子的取向。在以上的假設之下，如果氮原子的指向與電場的方向一致，位能比較高，如果方向相反，位能就比較低，這兩個位能的差距是 $2\mu\varepsilon$。

　　到目前為止，我們只把 E_0 與 A 的值當成未知參數，而不知道

＊原注：我們很抱歉，必須介紹一個新記號。既然我們已經用了 p 與 E 來代表動量與能量，我們不想再用它們來代表偶極矩跟電場。請謹記在心，這一節的 μ 表示電偶極矩。

如何計算它們的大小。根據正確的理論，我們應該能夠從所有原子核與電子的位置與運動算出這些常數，然而還沒人這麼做過。這樣一個系統有 10 個電子和 4 個原子核，所以問題太複雜。事實上，我們對於這個分子的理解，和任何其他人相比並不會差太多。人們所知道的就是，如果有個電場，這兩個態的能量會不一樣，其能量差與電場的大小成正比，我們把這比例係數稱為 2μ，其大小得由實驗決定。我們也可以說分子翻過去的機率幅是 A，但是也得用實驗去測量它。沒有人可以從理論算出精確的 μ 與 A，因為計算的細節太複雜了。

對於位於電場中的氨分子來說，我們的描述必須要變更。如果忽略分子從一種位形跳到另一種位形的機率幅，我們會預期兩個狀態 $|1\rangle$ 和 $|2\rangle$ 的能量是 $E_0 \pm \mu\varepsilon$。根據上一章的步驟，我們令

$$H_{11} = E_0 + \mu\varepsilon, \qquad H_{22} = E_0 - \mu\varepsilon \qquad (9.14)$$

我們同時也假設，對於我們感興趣的電場而言，電場不會太劇烈的影響分子的幾何，也不會影響氮分子從一個位置跳到另一個位置的機率幅。所以我們假設 H_{12} 和 H_{21} 沒有改變：

$$H_{12} = H_{21} = -A \qquad (9.15)$$

我們現在必須把這些新係數 H_{ij} 代入哈密頓方程式(8.43)，然後解出這個方程式。我們可以和以前一樣的解這方程式，但是既然我們以後還有許多地方會用到雙態系統的解，不如就一次解決最一般性（任意係數 H_{ij}）的情形，我們只假設這些係數不隨時間而變。

我們想要求出以下一對哈密頓方程式的解

$$i\hbar \frac{dC_1}{dt} = H_{11}C_1 + H_{12}C_2 \qquad (9.16)$$

$$i\hbar \frac{dC_2}{dt} = H_{21}C_1 + H_{22}C_2 \qquad (9.17)$$

既然這對方程式是常係數線性微分方程式，我們就永遠可以找到解，它們是變數 t 的指數函數。我們首先尋找一種解，其中 C_1 與 C_2 隨時間變化的形式相同；我們可以用以下的試探函數：

$$C_1 = a_1 e^{-i\omega t}, \qquad C_2 = a_2 e^{-i\omega t}$$

既然這樣的解對應到能量 $E = \hbar\omega$ 的狀態，我們乾脆直接寫下

$$C_1 = a_1 e^{-(i/\hbar)Et} \qquad (9.18)$$

$$C_2 = a_2 e^{-(i/\hbar)Et} \qquad (9.19)$$

其中的 E 還未知，得用方程式(9.16)與(9.17)去決定其值。

如果把從(9.18)式獲得的係數 C_1 與(9.19)式獲得的 C_2 代入微分方程式(9.16)與(9.17)裡，對時間微分後，就得到 $-iE/\hbar$ 乘以 C_1 或 C_2，所以方程式左側便成為 EC_1 與 EC_2。將等式兩側都有的指數函數 $e^{-(i/\hbar)Et}$ 消掉，就得到

$$Ea_1 = H_{11}a_1 + H_{12}a_2, \qquad Ea_2 = H_{21}a_1 + H_{22}a_2$$

也就是說，我們得到了

$$(E - H_{11})a_1 - H_{12}a_2 = 0 \qquad (9.20)$$

$$-H_{21}a_1 + (E - H_{22})a_2 = 0 \qquad (9.21)$$

如果想從這一組齊次代數方程式解出不為零的 a_1 與 a_2，則 a_1 與 a_2 的係數的行列式必須是零，亦即

$$\text{Det}\begin{pmatrix} E - H_{11} & - H_{12} \\ - H_{21} & E - H_{22} \end{pmatrix} = 0 \qquad (9.22)$$

　　然而，當我們只有兩個方程式與兩個未知數的時候，其實不需要利用這麼複雜的方法。我們可以個別從(9.20)式與(9.21)式得到 a_1 與 a_2 的比值，而這兩個比值必須相等。從(9.20)我們有

$$\frac{a_1}{a_2} = \frac{H_{12}}{E - H_{11}} \qquad (9.23)$$

而從(9.21)我們有

$$\frac{a_1}{a_2} = \frac{E - H_{22}}{H_{21}} \qquad (9.24)$$

這兩個比值必須相等，因此 E 必須滿足

$$(E - H_{11})(E - H_{22}) - H_{12}H_{21} = 0$$

這個方程式和(9.22)式是一樣的。無論如何，這個二次方程式的兩個解是

$$E = \frac{H_{11} + H_{22}}{2} \pm \sqrt{\frac{(H_{11} - H_{22})^2}{4} + H_{12}H_{21}} \qquad (9.25)$$

它們代表能量 E 可能的兩個值。請注意這兩個值都是**實數**，因為 H_{11} 與 H_{22} 都是實數，而且 $H_{12}H_{21}$ 等於 $H_{12}H^{*}_{12} = |H_{12}|^2$，這是一個正實數。

　　按照以前用過的記號，我們稱比較高的能量為 E_I，比較低的能量為 E_{II}。它們的值是

$$E_I = \frac{H_{11} + H_{22}}{2} + \sqrt{\frac{(H_{11} - H_{22})^2}{4} + H_{12}H_{21}} \quad (9.26)$$

$$E_{II} = \frac{H_{11} + H_{22}}{2} - \sqrt{\frac{(H_{11} - H_{22})^2}{4} + H_{12}H_{21}} \quad (9.27)$$

將這兩個能量分別代入(9.18) 式與(9.19)式中，得到兩個定態（有固定能量的態）的機率幅。如果沒有外界的干擾，而且系統起初就處於這兩個態其中之一，則它會永遠維持在那個狀態，除了相位有所改變。

我們可以用兩個特殊的情形來檢查我們的結果：如果 $H_{12} = H_{21} = 0$，則 $E_I = H_{11}$，$E_{II} = H_{22}$；這當然是正確的，因為(9.18)式與(9.19)式就會分離開來，個別代表了能量為 H_{11} 與 H_{22} 的狀態。其次，我們如果讓 $H_{11} = H_{22} = E_0$，以及 $H_{21} = H_{12} = -A$，就會得到以前的解

$$E_I = E_0 + A \quad \text{以及} \quad E_{II} = E_0 - A$$

以一般的情形來說，E_I 與 E_{II} 這兩個解代表兩個態，我們稱其為

$$|\psi_I\rangle = |I\rangle e^{-(i/\hbar)E_I t} \quad \text{與} \quad |\psi_{II}\rangle = |II\rangle e^{-(i/\hbar)E_{II} t}$$

這兩個態的 C_1 與 C_2 來自(9.18)與(9.19)式，其中的 a_1 與 a_2 是未定係數。它們的比值等於(9.23) 式或(9.24)式。除此之外，它們還必須再滿足一個額外的條件——如果系統處於兩個定態之一，則它處於狀態 $|1\rangle$ 或 $|2\rangle$ 的機率和必須等於1，也就是說

$$|C_1|^2 + |C_2|^2 = 1 \quad (9.28)$$

或者說

$$|a_1|^2 + |a_2|^2 = 1 \qquad (9.29)$$

這些條件並無法唯一決定 a_1 與 a_2：它們還有一個未能決定的任意相位，也就是一個類似 $e^{i\delta}$ 的因子。儘管我們可以寫下 a_1 與 a_2 的一般解*，但比較方便的方式，是就特定的情況來解出它們。

我們現在回到氨分子在電場中的這個特例。在這個情況下，H_{11}、H_{22}、與 H_{12} 來自(9.14) 式與(9.15)式，兩個定態的能量就是

$$E_I = E_0 + \sqrt{A^2 + \mu^2 \mathcal{E}^2}, \quad E_{II} = E_0 - \sqrt{A^2 + \mu^2 \mathcal{E}^2} \qquad (9.30)$$

這兩個能量函數隨電場強度 $\mathcal{E}$ 變化的情形，可見次頁的圖9-2。當電場強度為零，這兩個能量當然就只是 $E_0 \pm A$；當我們施加電場，兩個能階間的裂距（splitting）就增加。這裂距最初隨 $\mathcal{E}$ 增加的很緩慢，但是最後會變成和 $\mathcal{E}$ 成正比（這曲線是雙曲線）。如果電場非常強，這兩個能量就只是

$$E_I = E_0 + \mu\mathcal{E} = H_{11}, \quad E_{II} = E_0 - \mu\mathcal{E} = H_{22} \qquad (9.31)$$

所以我們學到了，**雖然有一個機率幅讓氮原子來回跳躍，但是如果**

---

*原注：例如底下列出一組可接受的解，你可以很容易的驗證這組解：

$$a_1 = \frac{H_{12}}{[(E - H_{11})^2 + H_{12}H_{21}]^{1/2}}$$

$$a_2 = \frac{E - H_{11}}{[(E - H_{11})^2 + H_{12}H_{21}]^{1/2}}$$

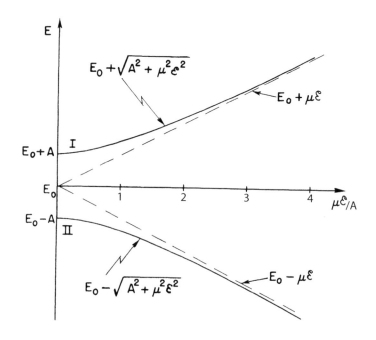

圖9-2　氨分子在電場中的能階

氮原子兩種位置的能量差別很大，這個機率幅的影響就很小。這是
件有意思的事情，我們以後還會回到這一點。

　　我們現在可以開始瞭解氨邁射的操作原理了，它是這樣子的：
首先，尋找一個方法，能夠把處於狀態 $|I\rangle$ 與狀態 $|II\rangle$ 的氨分子
分開來*；然後讓處於較高能態 $|I\rangle$ 的分子通過一個空腔，其共振

　　*原注：從這裡之後，我們將會把 $|\psi_I\rangle$ 與 $|\psi_{II}\rangle$ 寫成 $|I\rangle$ 與
　　　$|II\rangle$。你要記得，實際的狀態 $|\psi_I\rangle$ 與 $|\psi_{II}\rangle$ 是能量基底狀
　　　態乘以合適的指數因子。

頻率為 24,000 百萬赫茲。氨分子可以把能量留給空腔（我們以後將說明如何做），因此離開空腔的分子處於較低能量的狀態 $|II\rangle$。從狀態 $|I\rangle$ 變成狀態 $|II\rangle$ 的分子會把能量 $E = E_I - E_{II}$ 留給空腔，來自氨分子的能量就成為空腔的電場能量。

我們如何分開這兩種狀態的分子？以下是一種方法：讓氨分子氣體射經一對狹縫，如圖 9-3 所示，以便得到一條細射束；然後引導射束通過一個區域，其中有很大的橫向電場。產生電場的是電極，電極的形狀恰好使得電場強度在跨過射束時變化很大，所以電場的平方 $\varepsilon \cdot \varepsilon$ 在垂直射束的方向上有很大的梯度。因為處於狀態 $|I\rangle$ 的氨分子的能量會隨著 ε^2 增加而增加，所以這些分子會往 ε^2 較小的區域偏折；相對的，處於狀態 $|II\rangle$ 的氨分子會向 ε^2 較大的區域偏折，因為當 ε^2 增加的時候，它的能量會減少。

能夠在實驗室中製造出來的電場，剛好會讓能量 $\mu\varepsilon$ 永遠比 A 小很多。在這種狀況下，(9.30)式中的平方根可以用以下的近似式子替代

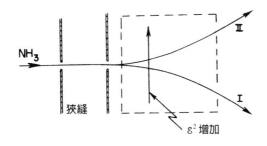

圖9-3　氨分子束可以用電場來分開，電場 ε 的平方在垂直射束的方向上具有梯度。

$$A \left(1 + \frac{1}{2} \frac{\mu^2 \varepsilon^2}{A^2} \right) \tag{9.32}$$

因此，在所有的應用場合中，能階其實就是

$$E_I = E_0 + A + \frac{\mu^2 \varepsilon^2}{2A} \tag{9.33}$$

以及

$$E_{II} = E_0 - A - \frac{\mu^2 \varepsilon^2}{2A} \tag{9.34}$$

我們大致上可以說，能量與 ε^2 成正比，這麼一來分子所受的力就是

$$F = \frac{\mu^2}{2A} \nabla \varepsilon^2 \tag{9.35}$$

很多分子在電場中的能量正是與 ε^2 成正比，比例係數就是分子的極化率（polarizability）。氨分子的極化率出乎尋常的高，原因是分母的 A 值很小。因此氨分子對於電場出乎尋常的敏感。（你會期待 NH_3 氣體有何介電係數？）

9-3 在隨時間變化的電場中的躍遷

在氨邁射中，我們讓處於狀態 $|I\rangle$ 且具有能量 E_I 的氨分子束通過一共振腔，如圖 9-4 所示。空腔內存在著隨時間變化的電場，所以下一個必須討論的問題就是分子在隨時間變化的電場中的行為。這個問題和先前碰過的問題完全不同，問題中的哈密頓算符會隨時間改變：既然 H_{ij} 取決於電場強度 ε，H_{ij} 當然會隨時間改變。我們

必須決定系統在此種狀況下的行為。

首先寫下待解的方程式：

$$ih\frac{dC_1}{dt} = (E_0 + \mu\varepsilon)C_1 - AC_2$$

$$ih\frac{dC_2}{dt} = -AC_1 + (E_0 - \mu\varepsilon)C_2$$

$$(9.36)$$

為了明確起見，我們假設電場是時間的正（餘）弦函數：

$$\varepsilon = 2\varepsilon_0\cos\omega t = \varepsilon_0(e^{i\omega t} + e^{-i\omega t}) \qquad (9.37)$$

在實際運作中，頻率 ω 將會幾乎等於分子躍遷共振頻率 $\omega_0 = 2A/\hbar$，但是目前我們還想維持問題的普遍性，所以還不設定一固定的頻率。解方程式的最佳方法是利用 C_1 與 C_2 的線性組合，如同我們先前的做法。所以我們將兩個方程式加起來，除以 $\sqrt{2}$，然後用上 (9.13)式中 C_I 與 C_{II} 的定義，就得到

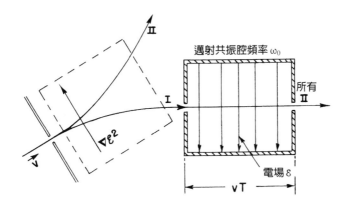

圖9-4 氨邁射的示意圖

$$i\hbar \frac{dC_{II}}{dt} = (E_0 - A)C_{II} + \mu\varepsilon C_I \tag{9.38}$$

你會注意到，這個式子和(9.9)式一樣，只是多了一項與電場有關的項。同樣的，如果讓(9.36)的兩個式子相減，我們就得到

$$i\hbar \frac{dC_I}{dt} = (E_0 + A)C_I + \mu\varepsilon C_{II} \tag{9.39}$$

現在的問題是，怎麼解這些方程式？因為電場 ε 是 t 的函數，所以它們比以前的方程式來得難解。事實上，對於一般性的 $\varepsilon(t)$ 而言，我們無法用簡單函數來表示這些解。然而只要電場夠小，我們可以有很好的近似解。首先我們寫下

$$
\begin{aligned}
C_I &= \gamma_I e^{-i(E_0+A)t/\hbar} = \gamma_I e^{-i(E_I)t/\hbar} \\
C_{II} &= \gamma_{II} e^{-i(E_0-A)t/\hbar} = \gamma_{II} e^{-i(E_{II})t/\hbar}
\end{aligned}
\tag{9.40}
$$

如果沒有電場，而且 γ_I 與 γ_{II} 是兩個固定複數，以上的 C_I 與 C_{II} 就是正確的解。事實上，處於狀態 $|I\rangle$ 的機率是 C_I 的平方，處於狀態 $|II\rangle$ 的機率是 C_{II} 的平方，所以處於狀態 $|I\rangle$ 或狀態 $|II\rangle$ 的機率就只是 $|\gamma_I|^2$ 或 $|\gamma_{II}|^2$。譬如說，如果系統一開始就處於狀態 $|II\rangle$，則 γ_I 等於零，而且 $|\gamma_{II}|^2$ 等於 1，那麼系統會一直維持這個狀況。分子如果起初就在狀態 $|II\rangle$，它不會有機會轉變成狀態 $|I\rangle$。

我們把解寫成(9.40)式這種樣子的動機在於，如果 $\mu\varepsilon$ 比 A 小很多，解的形式並不會改變，只不過 γ_I 和 γ_{II} 會成為變化很緩慢的時間函數，所謂「很緩慢」的意思是，這個變化**比**指數函數的變化慢。這就是我們所用的小技巧。我們利用「γ_I 和 γ_{II} 的變化很慢」這個事實來求得一個近似解。

現在把(9.40)式中的 C_I 代入微分方程式(9.39)，只是我們必須記得，γ_I 是時間的函數。我們得到

$$i\hbar \frac{dC_I}{dt} = E_I \gamma_I e^{-iE_I t/\hbar} + i\hbar \frac{d\gamma_I}{dt} e^{-iE_I t/\hbar}$$

微分方程式就變成

$$\left(E_I \gamma_I + i\hbar \frac{d\gamma_I}{dt} \right) e^{-(i/\hbar)E_I t} = E_I \gamma_I e^{-(i/\hbar)E_I t}$$
$$+ \mu \varepsilon \gamma_{II} e^{-(i/\hbar)E_{II} t} \tag{9.41}$$

同樣的，dC_{II}/dt 的方程式成為

$$\left(E_{II} \gamma_{II} + i\hbar \frac{d\gamma_{II}}{dt} \right) e^{-(i/\hbar)E_{II} t} = E_{II} \gamma_{II} e^{-(i/\hbar)E_{II} t} + \mu \varepsilon \gamma_I e^{-(i/\hbar)E_I t}$$
$$\tag{9.42}$$

你應該注意到，每個方程式的兩側都有相同的項，我們將它們相消，然後讓第一個方程式乘上 $e^{iE_I t/\hbar}$，讓第二個方程式乘上 $e^{iE_{II} t/\hbar}$。因為 $(E_I - E_{II}) = 2A = \hbar\omega_0$，我們最後得到

$$i\hbar \frac{d\gamma_I}{dt} = \mu \varepsilon(t) e^{i\omega_0 t} \gamma_{II}$$
$$\tag{9.43}$$
$$i\hbar \frac{d\gamma_{II}}{dt} = \mu \varepsilon(t) e^{-i\omega_0 t} \gamma_I$$

現在我們獲得了一對看起來簡單的方程式，而且當然還是精準的方程式。其中第一個變數的微分等於時間的函數 $\mu\varepsilon(t)e^{i\omega_0 t}$ 乘以第二個變數，而第二個變數的微分等於一個類似的時間函數乘以第一個變數。雖然這些簡單的方程式對於最一般的情況而言是無法解的，但是對於一些特殊的情形而言，我們會求得它們的解。

　　我們現在暫時只對於來回振盪的電場感興趣，電場強度 $\varepsilon(t)$ 如同(9.37)式所示，這麼一來，γ_I 與 γ_{II} 的方程式就成為

$$i\hbar\,\frac{d\gamma_I}{dt} = \mu\varepsilon_0[e^{i(\omega+\omega_0)t} + e^{-i(\omega-\omega_0)t}]\gamma_{II}$$

$$i\hbar\,\frac{d\gamma_{II}}{dt} = \mu\varepsilon_0[e^{i(\omega-\omega_0)t} + e^{-i(\omega+\omega_0)t}]\gamma_I$$

$$(9.44)$$

如果 ε_0 夠小，γ_I 和 γ_{II} 的變化速率也會很小；兩個 γ 不會隨時間有太大的變化，尤其是比快速變化的指數項要變得慢。這些指數項的實部與虛部以 $\omega + \omega_0$ 或 $\omega - \omega_0$ 的頻率在振盪。頻率是 $\omega + \omega_0$ 的項，振盪的非常快，其中心值為零，所以平均而言，對於 γ 變化率的貢獻不大。如果我們以它們的平均值（也就是零）來取代這些項，這樣的近似方式還算是不錯的近似。所以我們就放棄這些項，而得到以下的近似：

$$i\hbar\,\frac{d\gamma_I}{dt} = \mu\varepsilon_0 e^{-i(\omega-\omega_0)t}\gamma_{II}$$

$$i\hbar\,\frac{d\gamma_{II}}{dt} = \mu\varepsilon_0 e^{i(\omega-\omega_0)t}\gamma_I$$

$$(9.45)$$

其實留下來的項（頻率為 $\omega - \omega_0$ 的項）也是振盪很快的項，除非 ω 很接近 ω_0；只有在這種情況下，方程式右側的變化才會慢到當我們將方程式對於 t 積分時，答案不會是幾乎為零。換句話說，如果電場**不強**，唯一有意義的頻率是靠近 ω_0 的頻率。

　　取了在求(9.45)式時所得到的近似之後，方程式就可以精確的求解了，只是細節還是有點複雜，所以我們將等到以後碰到另一個類似的問題之後，才會來這麼做。現在我們只會求一個近似的解，或者說，我們只對 $\omega = \omega_0$ 這種完全共振的情形求精確解，而對 ω 在共振頻率 ω_0 附近的這種情形求近似解。

9-4 共振時的躍遷

我們先考慮完全共振的情形。如果 $\omega = \omega_0$，(9.45)式兩側的指數函數等於 1，我們就得到

$$\frac{d\gamma_I}{dt} = -\frac{i\mu\mathcal{E}_0}{\hbar}\gamma_{II}, \quad \frac{d\gamma_{II}}{dt} = -\frac{i\mu\mathcal{E}_0}{\hbar}\gamma_I \qquad (9.46)$$

如果我們先消去 γ_I，再消去 γ_{II}，會發現每個方程式都滿足簡諧運動的微分方程式：

$$\frac{d^2\gamma}{dt^2} = -\left(\frac{\mu\mathcal{E}_0}{\hbar}\right)^2 \gamma \qquad (9.47)$$

這些方程式的解是正弦與餘弦函數的組合。你很容易驗證以下的式子是解：

$$\gamma_I = a\cos\left(\frac{\mu\mathcal{E}_0}{\hbar}\right)t + b\sin\left(\frac{\mu\mathcal{E}_0}{\hbar}\right)t$$
$$\gamma_{II} = ib\cos\left(\frac{\mu\mathcal{E}_0}{\hbar}\right)t - ia\sin\left(\frac{\mu\mathcal{E}_0}{\hbar}\right)t \qquad (9.48)$$

其中的 a 與 b 是常數，得視特定的物理狀況而定。

例如，假設我們的分子系統在 $t = 0$ 時，是處於能量較高的狀態 $|I\rangle$，也就說在 $t = 0$ 時，$\gamma_I = 1$ 並且 $\gamma_{II} = 0$（見(9.40)式）；在這種情況下，我們需要令 $a = 1$，$b = 0$。在爾後的時間 t，分子處於狀態 $|I\rangle$ 的機率是 γ_I 絕對值的平方：

$$P_I = |\gamma_I|^2 = \cos^2\left(\frac{\mu\mathcal{E}_0}{\hbar}\right)t \tag{9.49}$$

同樣的，分子處於狀態 $|II\rangle$ 的機率是 γ_{II} 絕對值的平方：

$$P_{II} = |\gamma_{II}|^2 = \sin^2\left(\frac{\mu\mathcal{E}_0}{\hbar}\right)t \tag{9.50}$$

只要 $\mathcal{E}$ 還小，而且共振的條件成立，機率就是簡單的振盪函數。處於狀態 $|I\rangle$ 的機率會從 1 掉到 0，然後再回到 1。圖 9-5 顯示了兩個機率如何隨時間而變。不用說，這兩個機率的和永遠等於 1，畢竟分子永遠是處於**某個**狀態！

　　假設分子需要 T 這麼長的時間才能通過空腔，而且空腔的長度恰好讓 $\mu\mathcal{E}_0T/\hbar = \pi/2$；如果進入空腔的分子是位於狀態 $|I\rangle$，那麼它在離開空腔的時候就位於狀態 $|II\rangle$。分子以較高能量的狀態進入

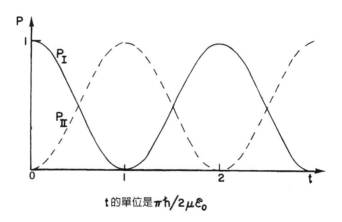

t的單位是 $\pi\hbar/2\mu\mathcal{E}_0$

圖9-5　位於振盪電場中的氨分子，處於兩種狀態的機率。

空腔，以較低能量的狀態離開空腔，也就是說能量減少了，這些能量沒地方去，只有參與製造出電場的機制。究竟分子的能量如何成爲空腔的振盪電場？這些細節其實不簡單，不過我們不用研究這些細節，因爲我們可以利用能量守恆原理。（必要的話，我們當然可以研究這些問題，只是在原子的量子力學之外，我們還得處理空腔中電場的量子力學。）

總結一下：分子進入空腔，以正確頻率振盪的空腔電場誘發了從高能態到低能態的躍遷。在實際的氨邁射中，分子提供了足夠的能量來維持空腔振盪——不僅是提供了足夠的能量來補充空腔能量的損失，甚至還提供了一點多餘的能量可以由空腔中抽取出來。這麼一來，分子能量就轉換成外在電磁場的能量。

你們還記得在分子束進入空腔之前，我們必須利用一個濾器來區隔分子束，使得只有高能態的分子才能進入空腔。我們可以很容易證明，如果進入空腔的是低能量的分子，過程會反過來，分子就從空腔吸收能量。如果你把沒過濾的分子送入空腔，則吸取能量的分子與放入能量的分子就一樣多，所以不會發生什麼事情。在實際的氨邁射中，我們其實不必讓$(\mu\varepsilon_0 T/\hbar)$剛好等於 $\pi/2$，對於任何其他值來說（除了剛好是 π 的整數倍之外），總有些機率讓狀態 $|I\rangle$ 轉換成狀態 $|II\rangle$，只是這些其他值不會讓裝置有百分之百的效率，很多離開空腔的分子雖然可以提供能量，但卻沒有這麼做。

實際上，所有分子的速率不必然完全一樣，這些速率的分布類似馬克士威分布。這表示不同分子有不同的理想週期時間，所以不可能所有的分子都一起有百分之百的效率。除此之外，還有另一個容易處理的問題，但是我們在這裡不去擔心那麻煩。你還記得空腔中各處的電場通常會些有變化，因此當分子通過空腔的時候，所感受到的電場比所假設（隨時間變化）的簡單正弦電場要更爲複雜；

顯然我們必須用上更複雜的積分，以便精準的解決問題，但背後的想法還是一樣。

製作邁射還有別種方法，我們不用斯特恩－革拉赫儀器來區隔狀態 $|I\rangle$ 與狀態 $|II\rangle$ 的分子，而是把分子先放在空腔中（以分子或是固體的型態），然後用別的方法把分子從狀態 $|I\rangle$ 轉成狀態 $|II\rangle$。其中一種方法被用於所謂的三態邁射之中。這種邁射利用有三個能階的原子系統，如圖 9-6 所示。這些原子有以下的特殊性質：系統吸收能量為 $\hbar\omega_1$ 的輻射（例如光），從最低能階 E_{II} 跳到某較高能階 E'，然後很快放出能量為 $\hbar\omega_2$ 的光子，而跳到能量為 E_I 的狀態 $|I\rangle$。狀態 $|I\rangle$ 的壽命比較長，所以處於這個狀態的分子數目會增加，這麼一來狀態 $|I\rangle$ 與狀態 $|II\rangle$ 就符合了邁射運作的條件。雖然這樣的裝置稱為「三態」邁射，其運作其實仍和雙態系統一樣，就像我們所形容的。

雷射（laser，這個詞是 *Light Amplification by Stimulated Emission of Radiation* 的簡稱）只不過是在光波頻率範圍運作的邁射而已。雷射的「空腔」通常只是兩面平行鏡子，其間可以產生駐波。

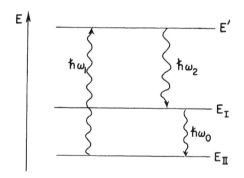

圖 9-6 「三態」邁射的能階

9-5 共振之外的躍遷

最後，我們想要瞭解，如果空腔的頻率很接近、但不恰好就是共振頻率 ω_0 的時候，狀態會怎麼變化？我們可以精準求出這問題的解，然而我們不這麼做，而只考慮電場以及週期 T 都很小，以致於 $\mu\mathcal{E}_0T/\hbar$ 遠小於 1 的這個重要情形。如此一來，即便我們有先前討論過的完全共振，躍遷發生的機率仍然很小。假設我們一開始還是讓 $\gamma_I = 1$ 且 $\gamma_{II} = 0$，在時間 T 之內，我們預期 γ_I 仍維持幾乎為 1，而 $\gamma_{II} = 0$ 維持很小（和 1 相比）。在這情況下，這問題就變得很容易，我們可以利用(9.45)式的第二個方程式來計算 γ_{II}，做法是令 $\gamma_I = 1$，並從 $t = 0$ 積分到 $t = T$；結果是

$$\gamma_{II} = \frac{\mu\mathcal{E}_0}{\hbar}\left[\frac{1 - e^{i(\omega - \omega_0)T}}{\omega - \omega_0}\right] \tag{9.51}$$

這就是 γ_{II}，代入(9.40)式就可以得到在時間間隔 T 之內，從狀態 $|I\rangle$ 躍遷至狀態 $|II\rangle$ 的機率幅。躍遷的機率 $P(I \to II)$ 正是 $|\gamma_{II}|^2$：

$$P(I \to II) = |\gamma_{II}|^2 = \left[\frac{\mu\mathcal{E}_0T}{\hbar}\right]^2 \frac{\sin^2[(\omega - \omega_0)T/2]}{[(\omega - \omega_0)T/2]^2} \tag{9.52}$$

為了看出這個機率對於（共振頻率 ω_0 附近的）頻率有多敏感，最好畫出這個機率（對於某固定 T 而言）的函數圖形，次頁的圖 9-7 就是機率 $P(I \to II)$ 的圖：橫軸代表空腔頻率這個變數，縱軸的值是「頻率為 ω 時的機率」除以「頻率為 ω_0 時的機率」，所以縱軸的最高值為 1。我們已經在繞射理論中看過這樣的曲線，所以你應該覺得熟悉。這曲線在($\omega - \omega_0$) = $2\pi/T$ 之處會快速降至 0，而且

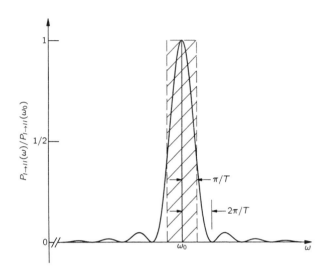

圖9-7　氨分子的躍遷機率是頻率的函數

一旦頻率離開共振頻率很遠，曲線的值就變得很小。事實上，以曲線下的面積而論，其中絕大部分是落在$(\omega - \omega_0) = \pm \pi/T$的範圍內。我們可以證明* 曲線下的總面積是$2\pi/T$，也就是圖中長方形斜線區域的面積。

　　讓我們檢視一下，如何將我們的結果應用於眞實的邁射。假設氨分子在空腔內的時間還算合理，譬如說10^{-3}秒，則如果$f_0 = 24,000$百萬赫，我們可以算出來在頻率偏離的程度$(f - f_0)/f_0$等於$1/f_0 T$（即10^8分之5）時，躍遷的機率就降至0。很明顯的，頻率一定要非常接近ω_0，躍遷的機率才不會微不足道；「原子」鐘的高

---

*原注：利用積分公式 $\int_{-\infty}^{\infty} (\sin^2 x/x^2)\, dx = \pi$ 。

精密就是基於這種效應（其原理和邁射原理相同）。

9-6　光的吸收

前面的討論不僅適用於氨邁射而已，我們處理的問題是分子在電場影響之下的行為，無論這個電場是否局限於空腔之內。所以我們可能只是射一束微波頻率的「光」到分子，然後問光被吸收或發射的機率有多大？我們的方程式可以適用於這種情形，但是這些方程式最好用輻射的**強度**，而不是電場大小來表示。我們在第 II 卷第 27 章中，定義了強度 $\mathscr{s}$ 為每秒通過每單位面積的平均能量流，公式是

$$\mathscr{s} = \epsilon_0 c^2 |\mathcal{E} \times \boldsymbol{B}|_{\text{平均}} = \tfrac{1}{2}\epsilon_0 c^2 |\mathcal{E} \times \boldsymbol{B}|_{\text{最大}} = 2\epsilon_0 c \mathcal{E}_0^2$$

（ $\mathcal{E}$ 的最大值是 $2\mathcal{E}_0$ 。）躍遷機率就成為

$$P(I \rightarrow II) = 2\pi \left[\frac{\mu^2}{4\pi\epsilon_0\hbar^2 c} \right] \mathscr{s} T^2 \frac{\sin^2 [(\omega - \omega_0)T/2]}{[(\omega - \omega_0)T/2]^2} \quad (9.53)$$

通常來講，照射到物體上面的光不會全是單色光。所以我們最好再多考慮一個問題，那就是如果光的頻率涵蓋了包括 ω_0 在內的一大段範圍，假設光於每單位頻率間隔的強度為 $\mathscr{s}(\omega)$ ，那麼從 $|I\rangle$ 躍遷至 $|II\rangle$ 的機率是多少？答案會是一個積分：

$$P(I \rightarrow II) = 2\pi \left[\frac{\mu^2}{4\pi\epsilon_0\hbar^2 c} \right] T^2 \int_0^\infty \mathscr{s}(\omega) \frac{\sin^2 [(\omega - \omega_0)T/2]}{[(\omega - \omega_0)T/2]^2} \, d\omega$$

$$(9.54)$$

一般而言， $\mathscr{s}(\omega)$ 隨著 ω 變化的情形會比尖銳的共振項慢很多，這

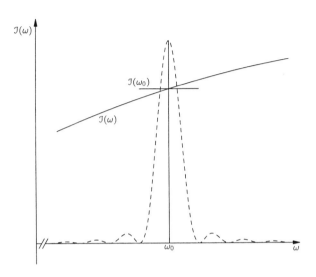

<u>圖 9-8</u>　光譜強度 $\mathscr{g}(\omega)$ 可以用它在 ω_0 的值來做其近似。

兩個函數的樣子顯示於圖 9-8 。在這種狀況下，我們可以用 $\mathscr{g}(\omega_0)$（$\mathscr{g}$ 在共振頻率的值）取代 $\mathscr{g}(\omega)$，而把它提到積分之外；剩下的只是計算圖 9-7 中曲線下的面積而已，這個積分值前面已經看過，就是 $2\pi/T$。最後的答案是

$$P(I \to II) = 4\pi^2 \left[\frac{\mu^2}{4\pi\epsilon_0 \hbar^2 c}\right] \mathscr{g}(\omega_0)T \qquad (9.55)$$

這個結果非常重要，因為它是**光被任何分子或原子系統吸收的一般性理論**。雖然我們一開始所考慮的狀態 $|\,I\,\rangle$ 比 $|\,II\,\rangle$ 有更高的能量，但是我們的論證過程並沒有依賴這個假設，如果 $|\,I\,\rangle$ 的能量比 $|\,II\,\rangle$ **低**，(9.55)式仍然成立，這時候，$P(I \to II)$代表從入射電磁

波**吸收**能量而躍遷的機率。任何原子系統吸收光，必然牽涉到在振盪電場中的躍遷機率幅，這躍遷發生於能量間隔 E 等於 $\hbar\omega_0$ 的兩狀態之間。對於任何特定情況來說，計算的過程都和我們這裡的類似，所得到的答案就像(9.55)式。

因此我們要強調這結果的幾個特色：首先，機率與 T 成正比。換句話說，每單位時間中，躍遷發生的機率是固定的。其次，機率與入射光的**強度**成正比。最後，躍遷機率與 μ^2 成正比。你應該還記得 $\mu\varepsilon$ 決定了能量受電場 ε 影響的程度，所以 $\mu\varepsilon$ 也以耦合項的形式出現於(9.38)與(9.39)式中；如果沒有這一項，$|\,I\,\rangle$ 與 $|\,II\,\rangle$ 就成了定態，也就沒有躍遷可言。亦即就我們所考慮的小 ε 而言，$\mu\varepsilon$ 即是所謂哈密頓矩陣元素中的「微擾項」，這一項連接了狀態 $|\,I\,\rangle$ 與 $|\,II\,\rangle$。在更為一般的情形裡，我們會以矩陣元素 $\langle\,II\,|\,H\,|\,I\,\rangle$ 取代 $\mu\varepsilon$（見 5-6 節）。

我們在第 I 卷（42-5 節）中，討論過如何用愛因斯坦的 A 與 B 係數來表示光的吸收、誘發發射（induced emission）、自發射（spontaneous emission）等三者之間的關係。在這裡，我們終於有了計算這些係數的量子力學步驟。兩態的氨分子系統中，我們稱為 $P(I \rightarrow II)$ 的機率正好對應到愛因斯坦輻射理論的吸收係數 B_{nm}。對於複雜的氨分子來說（沒人可以計算這麼複雜的系統），我們讓 $\langle\,II\,|\,H\,|\,I\,\rangle$ 等於 $\mu\varepsilon$，而 μ 的值來自實驗。對於簡單一些的原子系統而言，屬於任何特定躍遷的 μ_{mn} 可以從其**定義**

$$\mu_{mn}\varepsilon = \langle m\,|H|\,n\rangle = H_{mn} \tag{9.56}$$

計算出來。這裡的 H_{mn} 是哈密頓算符的矩陣元素，弱電場效應已包括在哈密頓算符之內；所算出來的 μ_{mn} 稱為**電偶極矩陣元素**。光的吸收與放射的量子力學理論也因此化約為這些矩陣元素（對於特定

原子系統）的計算。

我們對於簡單雙態系統的研究，也就讓我們瞭解了有關光的吸收與放射的一般性問題。

第**10**章

其他的雙態系統

10-1 氫分子離子

我們在上一章討論了氨分子的某些性質，我們的假設是可以把氨分子看成為雙態系統。氨分子當然不真的是雙態系統，它還有很多旋轉、振動、平移狀態等等，但是這些運動態每個都必須用兩個內態來分析，原因是氮原子有來回跳躍的運動。現在我們要考慮其他系統的例子，這些系統在某些近似情況之下可以看成是雙態系統。很多東西是近似的，因為還有很多其他狀態，假設要做更精確的分析，得將那些狀態考慮進來。但是我們如果只把以下每個例子設想成雙態系統，就能夠瞭解很多事情。

既然我們只處理雙態系統，所需要的哈密頓矩陣看起來就和上一章中的相同。如果哈密頓矩陣與時間無關，就存在著兩個具有固定（但通常不同）能量的定態。不過一般說來，我們分析所使用的基底狀態**不是**這些定態，而是或許具有其他簡單物理意義的狀態；因而，系統的定態就是這些基底狀態的線性組合。

為了方便起見，我們扼要整理一下第 9 章的重要方程式。假設我們原先選的基底狀態是 $|1\rangle$ 和 $|2\rangle$，則任何狀態 $|\psi\rangle$ 可以表示成以下的線性組合：

$$|\psi\rangle = |1\rangle\langle 1|\psi\rangle + |2\rangle\langle 2|\psi\rangle = |1\rangle C_1 + |2\rangle C_2 \qquad (10.1)$$

機率幅 C_i（C_1 或 C_2）滿足兩個線性微分方程式

$$i\hbar\,\frac{dC_i}{dt} = \sum_j H_{ij}C_j \qquad (10.2)$$

其中，i 與 j 的值是 1 和 2。

　　如果哈密頓矩陣 H_{ij} 與時間無關，而且我們把兩個具有固定能量的狀態（定態）寫成

$$|\psi_I\rangle = |I\rangle e^{-(i/\hbar)E_I t} \quad 與 \quad |\psi_{II}\rangle = |II\rangle e^{-(i/\hbar)E_{II}t}$$

則它們的能量就是

$$E_I = \frac{H_{11} + H_{22}}{2} + \sqrt{\left(\frac{H_{11} - H_{22}}{2}\right)^2 + H_{12}H_{21}}$$

$$E_{II} = \frac{H_{11} + H_{22}}{2} - \sqrt{\left(\frac{H_{11} - H_{22}}{2}\right)^2 + H_{12}H_{21}}$$

(10.3)

這些狀態的兩個 C 有相同的時間變化關係。兩個定態的態向量 $|I\rangle$ 和 $|II\rangle$ 與我們原先的基底狀態 $|I\rangle$ 和 $|2\rangle$ 的關係是

$$|I\rangle = |1\rangle a_1 + |2\rangle a_2$$
$$|II\rangle = |1\rangle a'_1 + |2\rangle a'_2$$

(10.4)

上式的 a 是複數，滿足以下的條件：

$$|a_1|^2 + |a_2|^2 = 1$$

$$\frac{a_1}{a_2} = \frac{H_{12}}{E_I - H_{11}}$$

(10.5)

$$|a'_1|^2 + |a'_2|^2 = 1$$

$$\frac{a'_1}{a'_2} = \frac{H_{12}}{E_{II} - H_{11}}$$

(10.6)

　　如果 $H_{11} = H_{22} = E_0$，同時 $H_{12} = H_{21} = -A$，則 $E_I = E_0 + A$，$E_{II} = E_0 - A$。在這種情況下，定態 $|I\rangle$ 和 $|II\rangle$ 特別簡單：

$$|\,I\,\rangle = \frac{1}{\sqrt{2}}\Big[\,|\,1\,\rangle - |\,2\,\rangle\Big], \quad |\,II\,\rangle = \frac{1}{\sqrt{2}}\Big[\,|\,1\,\rangle + |\,2\,\rangle\Big] \quad (10.7)$$

我們現在就利用這些結果，來討論一些化學與物理中有趣的例子。第一個例子是氫分子離子，帶正電的氫分子離子是由兩個質子與一個在外頭環繞的電子所組成的。如果兩個質子相距很遠，這種系統的狀態是什麼呢？答案很清楚：電子會留在其中一個質子附近，形成一個處在最低能量態的氫原子，另一個質子則獨自是一個正離子。

所以如果兩個質子離得很遠，我們可以想像一種物理狀態，裡頭的電子「附著」在其中的一個質子上面。顯然還存在另一種對稱狀態，亦即電子靠在另一個質子附近，而頭一個質子反而成為離子。我們就拿這兩種狀態做為基底狀態，稱它們為 $|\,1\,\rangle$ 和 $|\,2\,\rangle$（見圖 10-1 所示）。當然，電子在質子旁其實可以有很多種狀態，因為電子與質子的組合可以是氫原子任意的激發態之一。不過，我們暫且不理會那些各式各樣的態，而只考慮最低能量的態，即氫原子的基態，同時也不暫考慮電子的自旋；我們可以假設無論在什麼樣的狀態中，電子的自旋都指向正 z 軸。＊

把氫原子中的電子拿掉，需要 13.6 電子伏特的能量。只要氫分子中的兩個質子相離很遠，把電子移到兩個質子中間點附近也大約需要這麼多的能量，對於我們現在的情況而言，這是相當大的能量。所以從古典的觀點來說，電子不可能從一個質子跳到另一個質

＊原注：只要沒有不可忽視的磁場，這麼做是可以的。我們會在這一章稍後討論磁場對電子的效應，並在第 12 章討論氫原子中很小的自旋效應。

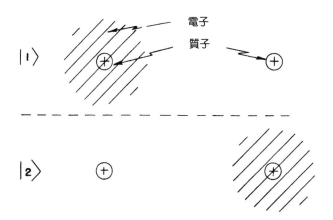

圖 10-1　兩個質子與一個電子系統的一組基底狀態。

子；但是在量子力學裡，這是可能的，雖然機率不大，仍有一個小機率幅能讓電子從一個質子跳到另一個。因此在第一階近似下，基底狀態 $|1\rangle$ 和 $|2\rangle$ 的能量都是 E_0，也就是一個氫原子加上一個質子的能量。哈密頓矩陣元素 H_{11} 和 H_{22} 兩者大約都是 E_0，另兩個矩陣元素 H_{12} 和 H_{21} 代表電子來回跳躍的機率幅，我們再次把它們記做 $-A$。

　　你應該看出來了，這正是我們在前兩章所玩的遊戲。如果不考慮電子來回跳躍的機率，我們就有兩個狀態具有完全相同的能量。但是既然電子可能來回跳躍，這兩個狀態的能量就會不一樣——跳躍的機率愈大，能量差也就愈大。因此這系統的兩個能階就是 $E_0 + A$ 與 $E_0 - A$，而具有這些能量的狀態正是 (10.7) 式中的 $|I\rangle$ 和 $|II\rangle$。

　　從我們的解可以看出來，如果把一個質子與一個氫原子放得有些靠近，電子不會只停在一個質子附近，而是會在兩個質子之間來回跳躍。如果電子一開始是在某個質子附近，則它會在狀態 $|1\rangle$

和 $|2\rangle$ 之間來回振盪，而得到一個會隨時間變化的解。如果要得到（不隨時間變化的）最低能量解，系統一開始就必須讓電子有相同的機率，可以位於任何一個質子旁邊。請記得，並沒有兩個電子，我們並不是說每個質子旁都有一個電子，而是只有一個電子，這個電子位於任何一個質子旁邊的機率幅是一樣的，都是 $1/\sqrt{2}$。

至於機率幅 A（靠近某個質子的電子跑到另外一個質子的機率幅），大小就取決於質子之間的距離：兩個質子愈靠近，機率幅 A 就愈大。你記得我們在第 7 章談過一個電子「穿透勢壘」的機率幅，這是古典物理所禁止的。這裡的情況也是如此；當距離較大時，電子穿越的機率幅大約隨距離呈指數下降。既然躍遷機率在質子靠近時變得比較大，當然 A 也是如此，所以能量差距也會變得較大。

如果系統是在狀態 $|I\rangle$，能量 $E_0 + A$ 會隨距離減小而增加，所以量子力學效應就類似於一種讓質子分開的**排斥**力。反過來，如果系統處在狀態 $|II\rangle$，當兩質子靠近時，總能量會**降低**，所以就好像有個**吸引**力把質子拉在一起。兩個能量隨著質子間距離的變化情形大約像圖 10-2 所示。因此，我們終於可以用量子力學說明把 H_2^+ 離子綁在一起的結合力（binding force）。

但是我們還忘了一件事，除了剛才談過的力之外，兩質子之間還有靜電排斥力。當兩個質子離得很遠，如圖 10-1 所示，「赤裸」的質子只看到中性的氫原子，所以兩者之間的靜電力小得可以忽略。然而當兩質子靠得很近時，「赤裸」的質子開始跑到電子分布「裡頭」，也就是說，平均而言，「赤裸」的質子比較靠近另一個質子，而離電子較遠。這麼一來，就開始有一些額外的靜電能量；這能量當然是正的，也取決於質子之間的距離，它應該包括在 E_0 裡面。所以能量 E_0 與距離的關係類似圖 10-2 中的虛線，當距離小於氫原子半徑時，E_0 快速增加。將 E_0 加、減去於交換作用有關的 A

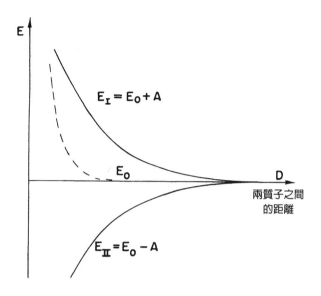

圖 10-2　H_2^+ 離子的兩個定態的能量函數圖，變數是兩質子之間的距離。

時，得到能量 E_I 與 E_{II}，這麼做了之後，能量 E_I 與 E_{II} 隨質子之間距離 D 變化的情形，就會如次頁的圖 10-3 所示。〔圖中所示的是一個更爲精細計算的結果。質子間距離的單位是 1Å（即 10^{-8} 公分）。縱軸是一個比值，等於總能量減去一個質子的能量、再減去氫原子能量（即過剩能量）之後，與氫原子結合能（即所謂的「芮得柏能量」，等於 13.6 電子伏特）的比值。〕

我們看到狀態 $|II\rangle$ 有一個最低能量點，那將是 H_2^+ 離子的平衡組態（equilibrium configuration），也就是最低能量的條件。在這一點的能量，比分離的氫原子與質子的能量更低，所以氫原子與質子是束縛在一起的。一個電子把兩個質子拉在一起，化學家稱這種狀況爲「單電子鍵」（one-electron bond）。

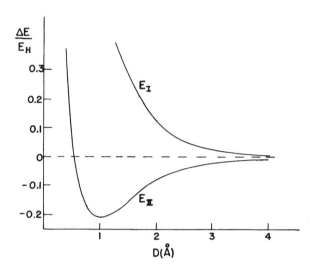

圖 10-3　H_2^+ 離子的能階函數圖，變數是兩質子之間的距離 D（E_H = 13.6 電子伏特）。

　　這類的化學鍵也常稱為「量子力學共振」（因為這可以類比成以前談過的兩個耦合擺），這名稱聽起來很神祕，實際情形並不是那樣，它只是「共振」而已，如果你一開始沒有選對一組好的基底狀態的話，就像我們現在這樣！你如果挑選了狀態 $|\,II\,\rangle$，就會得到最低能量態，那就是一切了！

　　這一種狀態的能量為什麼要比一個質子與一個氫原子的能量和來得低，還有另一種方式可以瞭解：假設有個電子在兩個質子附近，而且質子之間的距離固定（但不是太大）。你記得氫原子中的電子是「散開來」的，因為測不準原理的緣故；電子希望得到平衡，電子如果靠近質子一些，就會有較低的庫侖**位能**，但是電子又不能被限制在太小的空間之內，否則**動能**會太大（因為測不準原理 $\Delta p \, \Delta x \approx \hbar$）。現在我們有兩個質子了，所以電子比較不需要為了有

較低的庫侖位能，而限制在很小區域內，它可以散開來，降低動能，而不增加位能，所以最後的總能量比氫原子更低。然而爲什麼另一個狀態 $|1\rangle$ 的能量反而更高了呢？請注意，這個狀態是 $|1\rangle$ 與 $|2\rangle$ 之**差**，由於 $|1\rangle$ 與 $|2\rangle$ 的對稱性，兩者之差必然會在兩個質子的中間點處變爲零，也就是說電子位於中間點的機率幅爲零，所以電子就好像受限於較小的範圍內，因此能量較高。

　　我應該指出，在質子相距很近的時候，近到它們的距離是在圖 10-3 曲線的最低點時，我們把 H_2^+ 離子當成近似雙態系統，就錯得離譜了，所以我們的方法不會得到眞正的結合能。在距離很小的時候，圖 10-1 的兩個「態」的能量並不是眞的等於 E_0，我們需要用更爲精密的量子力學來計算。

　　如果我們以兩個不同的物體，例如質子與正鋰離子（它們的電荷仍然是單一個正電荷），來取代兩個質子，結果會有何不同？在這種情形，哈密頓矩陣元素 H_{11} 和 H_{22} 就不再相等，而是會很不一樣。如果兩者之差 $H_{11}-H_{22}$ 的絕對值，比 $A=-H_{12}$ 大很多，則相吸力就弱很多，理由如下：

　　將 $H_{12}H_{21}=A^2$ 代入 (10.3) 式中，得到

$$E = \frac{H_{11}+H_{22}}{2} \pm \frac{H_{11}-H_{22}}{2} \sqrt{1 + \frac{4A^2}{(H_{11}-H_{22})^2}}$$

如果 $H_{11}-H_{22}$ 比 A^2 大很多，平方根幾乎等於

$$1 + \frac{2A^2}{(H_{11}-H_{22})^2}$$

那麼兩個能量就是

$$E_I = H_{11} + \frac{A^2}{(H_{11} - H_{22})}$$

$$E_{II} = H_{22} - \frac{A^2}{(H_{11} - H_{22})}$$
(10.8)

它們非常接近個別原子的能量 H_{11} 與 H_{22}，只是被來回跳躍的機率幅 A 稍微推離開了一些。

能量差 $E_I - E_{II}$ 等於

$$(H_{11} - H_{22}) + \frac{2A^2}{H_{11} - H_{22}}$$

由於電子來回跳躍而多出來的能量差就不再是 $2A$，而是還要乘以 $A/(H_{11} - H_{22})$ 這個因子，我們現在將此因子當作比 1 小很多。 $E_I - E_{II}$ 取決於兩原子核之間距離的程度也比 H_2^+ 離子這系統來得微弱，其關係也是要弱上 $A/(H_{11} - H_{22})$ 倍。我們現在就可以看出來，為什麼一般而言不對稱的分子的結合力會比較弱。

我們藉由研究 H_2^+ 離子發現了一種機制 —— 兩個質子透過分享一個電子而得以相互吸引，即使兩質子的距離較遠，吸引力也依然存在。這種吸引力來自系統能量的降低，而能量之所以降低，是因為電子可以從一個質子跳到另外一個質子。電子跳躍之後，系統就從一種組態（氫原子，質子）變成另一種組態（質子，氫原子），或者是轉換回來。我們可以把這個過程寫成

$$(H, p) \rightleftharpoons (p, H)$$

以上的過程改變了系統的能量，改變的大小與能量為 $-W_H$（為

氫原子的結合能）的電子，從一個質子跳到另一個質子的機率幅 A 成正比。

　　如果兩個質子間的距離 R 較大，電子的靜電位能在其跳躍的範圍附近幾乎為零，所以電子在這個範圍內的行為類似處於空間中的一個自由粒子，只是它的能量為**負**的！我們在第 3 章看到（即(3.7)式），具有某固定能量的粒子從一處跑到距離為 r 的另一處的機率幅與

$$\frac{e^{(i/\hbar)pr}}{r}$$

成正比，其中的 p 對應到那固定能量的動量。在這裡，p 等於（依據非相對論公式）

$$\frac{p^2}{2m} = -W_H \tag{10.9}$$

這表示 p 是虛數

$$p = i\sqrt{2mW_H}$$

（另一個符號的根沒有意義）。

　　所以我們應該預期，如果質子之間的距離 R 夠大，H_2^+ 離子的機率幅 A 與 R 的關係是

$$A \propto \frac{e^{-(\sqrt{2mW_H}/\hbar)R}}{R} \tag{10.10}$$

因為能量的改變與 A 成正比，所以有一股力要將兩個質子拉在一起；只要 R 夠大，這股力與(10.10)式對於 R 的微分成正比。

最後，為了完整起見，我們應該說明在「兩個質子，一個電子」的系統內，還有另一種效應可以讓能量與 R 有關。至目前為止，我們都忽略了這個效應，因為它通常不太重要（唯一的例外是當距離很大，以致於交換項 A 的能量已經指數式的降低到很低的時候）。我們所想的這個新效應是質子與氫原子的靜電吸力，這個吸引力和任何帶電物體與中性物體之間的吸引力有相同的來由：裸質子在氫原子處造成一電場 ε（正比於 $1/R^2$），所以氫原子極化而帶有與 ε 成正比的偶極矩 μ。偶極矩的能量是 $\mu\varepsilon$，這個值與 ε^2，也就是 $1/R^4$ 成正比。因此系統的能量中，有一項與距離的四次方成反比。（這是修正 E_0 的項。）這一項比(10.10)式的 A 下降得慢；當距離 R 很大的時候，它就成了唯一能讓能量隨 R 而變的重要項。請注意，這項靜電位能的符號，對於兩個基底狀態以及兩個定態而言，都是一樣的（力是相吸的，所以能量是負的），而電子交換項 A 的符號，對於兩個定態來說是相反的。

10-2 核力

我們已經看到，氫原子與質子的系統有一項交互作用能量，來自交換一個電子，隨（大的）距離 R 的變化是

$$\frac{e^{-\alpha R}}{R} \tag{10.11}$$

其中的 $\alpha = \sqrt{2mW_H}\,/\hbar$。（人們通常說，當電子必須跳過一個負能量區域時，就像現在這樣，有一個「虛」電子被交換了；更明確點說，「虛交換」的意義是，這個現象牽涉到交換態與非交換態之間的量子干涉。）

我們也許會問以下的問題：別種粒子之間的力是否也有類似的來歷？例如，一個中子與一個質子（或兩個質子）之間的核力（nuclear force）是否也是如此？事實上，湯川秀樹（Hideki Yukawa, 1907-1981）為了解釋核力的本質，提議兩個核子之間的力是來自一種類似的交換效應，只是在這個情況，牽涉到「虛交換」的不是電子，而是一種他稱之為「介子」的新粒子。我們今天認為，湯川的介子就是當質子或其他粒子以高速度相碰撞時所產生的 π 介子。

我們現在討論一下，如果質子與中子交換一個質量為 m_π 的正 π 介子（π^+），它們之間會出現什麼樣的力？就好像氫原子 H^0 能夠放出一個電子 e^- 而變成質子 p^+：

$$H^0 \rightarrow p^+ + e^- \tag{10.12}$$

一個質子 p^+ 也可以放出一個 π^+ 介子而變成中子：

$$p^+ \rightarrow n^0 + \pi^+ \tag{10.13}$$

所以我們如果有一個質子在 a 處，一個中子在 b 處，兩者的距離為 R，則質子可以發射一個 π^+ 而變成中子，中子就在 b 處吸收 π^+ 而成為質子。這樣的雙核子（加上 π 介子）系統有部分能量來自交互作用，這個能量取決於交換 π 介子的機率幅 A，就好像 H_2^+ 離子中的電子交換。

在(10.12)式的過程中，氫原子 H^0 的能量比質子的能量要小 W_H（這是非相對論性的計算，並沒有包括電子的靜能量 mc^2），所以電子有負**動**能，因此動量是虛數，如(10.9)式所示。(10.13)式的核子過程中，質子與中子的質量幾乎相同，所以 π^+ 的**總**能量就為零。π 介子（質量為 m_π）的總能量 E 與動量 p 的關係是

$$E^2 = p^2 c^2 + m_\pi^2 c^4$$

既然 E 爲零（與 m_π 相比，起碼可以忽略），動量仍是虛數：

$$p = i m_\pi c$$

我們先前討論過束縛電子穿越兩質子之間勢壘的機率幅；利用相同的論證，我們知道在核子的情況下，機率幅 A 應該是（如果 R 夠大）

$$\frac{e^{-(m_\pi c/\hbar)R}}{R} \tag{10.14}$$

因爲交互作用能量與 A 成正比，所以和 R 的關係也跟(10.14)式一樣，如此一來，我們就得到能量變化的情形，即所謂兩質子之間的**湯川勢**（Yukawa potential）。順便一提，我們先前已經得到過相同的式子（見第 II 卷第 28 章的(28.18)式），那時是直接從 π 介子在眞空中的微分運動方程式來推導。

我們可以依循同樣的方式來討論兩質子（或兩中子）之間的交互作用，這時所交換的是**中性**的 π 介子（π^0）；所牽涉的基本過程是

$$p^+ \to p^+ + \pi^0 \tag{10.15}$$

一個質子可以釋放一個虛 π^0 介子，但依然是一個質子，不會改變身分。假設有兩個質子，第 1 號質子可以放射一個虛 π^0 介子，然後這介子被第 2 號質子吸收，最後我們仍舊有兩個質子。這個情況和 H_2^+ 離子稍微有些不同，那裡的氫原子在放出電子後會變成另一種狀況，即質子。我們這裡的假設是，質子可以放出一個 π^0 介子，

而不改變其本質。事實上，我們已經在高能碰撞中觀測到這種過程，就類似於電子在釋放光子後仍然還是電子：

$$e \rightarrow e + 光子 \tag{10.16}$$

電子發射光子之前或吸收光子之後，我們並沒有「看到」電子裡面有光子，發射的過程並未改變電子的「本質」。

回到兩個質子的情況：有一個機率幅 A，描述的是質子發射一中性 π 介子，π 介子以虛動量通過空間到另一個質子，然後被吸收；這個機率幅會產生交互作用能量，機率幅 A 仍然和(10.14)式成正比，式中的 m_π 是中性 π 介子的質量。既然質子與中子、質子與質子、中子與中子之間的核力都一樣（忽略電效應），我們會下結論，帶電 π 介子與中性 π 介子的質量應該相同。實驗上，它們的質量的確幾乎相等，剩下的微小差別正好大約等於電自身能（electric self energy）的修正。

兩個核子之間還可以交換其他種粒子（例如 K 介子），也可以一次交換兩個介子；但是這些所交換的其他「物體」都有個靜質量 m_x，比 π 介子質量 m_π 還更大，由於這種交換所導致的機率幅是

$$\frac{e^{-(m_x c/\hbar) R}}{R}$$

這些機率幅隨著 R 增加而降低，而且降低的速度比交換一個介子的機率幅來得快。直到今天，人們還是不知道如何計算這些更高質量的項，可是如果 R 夠大，我們只需考慮交換單一個 π 介子的機率幅。有些實驗只在大距離的時候牽涉到核子交互作用，那些實驗證明了交互作用能量的確和交換單一 π 介子理論的預測相符。

在古典電磁學理論中，庫侖靜電交互作用與加速電荷的輻射這兩個現象密切相關，兩者都來自馬克士威方程式。我們知道在量子

理論裡，光可以看成是盒子中古典電磁場的諧振盪的量子激發。另一種說法是，將光描述成遵循「玻色統計」的粒子——光子，我們可以從此出發，建立量子理論。我們在 4-5 節強調過，這兩種觀點永遠得到相同的結果。我們能不能將第二種觀點推廣至包括**所有**的電磁效應？尤其是，我們如果想純粹用玻色子來描述電磁場可不可以？也就是用光子來說明庫侖力？

從「粒子」觀點而言，兩個電子間的庫侖交互作用**來自交換一個虛光子**：一個電子發射光子，如(10.16)式所示，接著光子跑到第二個電子，然後被吸收（這是第一個步驟的逆反應）。交互作用能量仍舊得自(10.14)式，除了我們必須以光子的質量取代 m_π。因為光子的質量為零，所以兩個電子交換一虛光子所得到的交互作用能量與 R（兩電子之間的距離）成反比，這和正常的庫侖位能一樣！在電磁學的「粒子」理論中，所有靜電效應都來自交換虛光子的過程。

10-3　氫分子

我們要看的下一個雙態系統是電中性的氫分子 H_2。這個系統自然比較複雜，因為它有兩個電子。再次的，我們從兩個相隔很遠的質子開始，只是現在我們要加入兩個電子。為了追蹤它們，我們稱其中一個電子為「電子 a」，另外一個則是「電子 b」。

我們可以再次想像兩種可能的狀態：第一種可能的狀態是「電子 a」在第一個質子旁邊，而「電子 b」在第二個質子旁，如同圖 10-4(a) 所示。在這情況下，我們其實只是有了兩個氫原子，我們稱這狀態為 $|1\rangle$。另一種可能性是「電子 b」在第一個質子旁邊，而「電子 a」在第二個質子旁，我們稱這狀態為 $|2\rangle$。因為這兩種情況

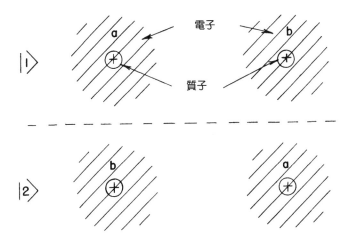

圖 10-4 一組 H₂ 分子的基底狀態

是對稱的,所以兩者的能量應該一樣,但是我們馬上會看到,這系統的能量並**不**只是兩個氫原子的能量。

我們應該提到還有很多其他可能性。例如「電子 a」可能靠近第一個質子,而「電子 b」可能也是在**同**一個質子旁邊,但卻是在另一個狀態。我們不會討論這個情形,因為它的能量明顯較高(由於兩個電子間的庫侖排斥力在這個情形會比較大)。我們如果想提高準確度,就必須把這些態包括進來,但是如果只要瞭解分子結合的核心概念,只要考慮圖 10-4 的兩個態就可以了,在這種近似情況底下,我們可以用處於狀態 $|1\rangle$ 的機率幅 $\langle 1 | \phi \rangle$ 與處於狀態 $|2\rangle$ 的機率幅 $\langle 2 | \phi \rangle$ 來描述任何狀態。換句話說,態向量 $|\phi\rangle$ 可以寫成線性組合

$$|\phi\rangle = \sum_i |i\rangle\langle i|\phi\rangle$$

　　和以前一樣，我們假設有個機率幅 A 讓電子穿過空間，從一個質子跳到另一個質子。由於這個機率幅，系統的能階會和其他雙態系統一樣的分裂開來。和氫分子離子一樣，如果質子之間的距離夠大，（分裂的）能階之間的差距就很小。當質子相互接近，電子來回跳躍的機率幅增大，所以能階差距就增加。低能態的能量降低代表有一個吸引力把原子拉在一起。同樣的，如果質子靠得太近，則庫侖排斥力會讓能階升高。圖 10-5 顯示了最終兩個定態的能量與質子間距離的關係。如果距離 D 大約是 0.74Å，較低能階降至其最低值，這就是真正氫分子的兩質子之間的距離。

　　現在你或許想到了一個問題，這兩個電子不是全同粒子（identical particles）嗎？我們雖然稱它們為「電子 a」與「電子 b」，其實並無法區分哪個電子究竟是哪個。而且我們在第 4 章說過，對於電子這類費米子來說，假設交換電子可以導致兩種狀況（例如前面的 $|1\rangle$ 和 $|2\rangle$），那麼這兩種狀況的機率幅在疊加的時候，必須相差一個**負號**。但是我們剛剛才下結論，氫分子的束縛態是（在 $t = 0$ 時）

$$|II\rangle = \frac{1}{\sqrt{2}}(|1\rangle + |2\rangle)$$

而根據第 4 章的規則，這個狀態是不允許的。如果我們把電子對調，所得到的狀態會是

$$\frac{1}{\sqrt{2}}(|2\rangle + |1\rangle)$$

這個狀態與前面的一樣，並沒有相差一個負號！

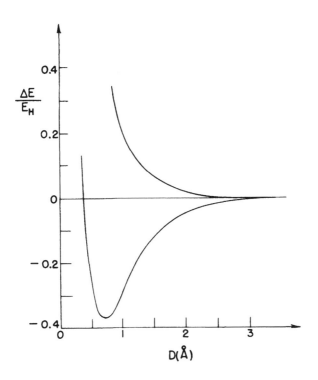

圖 10-5　氫分子 H_2 能階，橫軸是質子之間的距離 D 。（E_H = 13.6 電子伏特）

　　問題的關鍵在於，我們的論點如果要成立，**兩個電子必須有相同的自旋**。的確，如果兩個電子的自旋都指向上（或者都指向下），唯一允許的狀態就是

$$|I\rangle = \frac{1}{\sqrt{2}} (|1\rangle - |2\rangle)$$

對於這個狀態而言，兩個電子交換之後會得到

$$\frac{1}{\sqrt{2}} \left(\mid 2 \rangle - \mid 1 \rangle \right)$$

而這正是－$\mid 1 \rangle$，和我們的要求一致。所以如果我們把兩個氫原子拉近在一起，而且它們的電子自旋方向一樣，那麼它們可以進入狀態 $\mid 1 \rangle$，但不是狀態 $\mid 11 \rangle$。請注意，狀態 $\mid 1 \rangle$ 的能量**較高**，它的能量函數（變數爲質子之間的距離）沒有最小值；所以兩個氫原子永遠相互排斥，不會形成分子。我們的結論是，如果兩電子有平行的自旋，氫分子就無法存在。這答案是對的。

另一方面，狀態 $\mid 11 \rangle$ 對於兩個電子來說是對稱的。事實上，我們如果把稱爲 a 與稱爲 b 的電子對調，還是得回原來的狀態。我們在 4-7 節看到，如果兩個費米子處於同一個狀態，它們**必須**有相反的自旋。所以氫分子一定有個一電子自旋向上，另一個電子自旋向下。

如果我們想把質子自旋包括進來，氫分子的整個故事其實就更爲複雜一些；我們再也不能把它當成**雙**態系統，而應該看成是**八**態系統——狀態 $\mid 1 \rangle$ 還可以有四種可能的自旋狀態，狀態 $\mid 11 \rangle$ 也是如此。所以如果忽略的自旋，我們就稍稍簡化了問題。不過，我們最後的結論仍是對的。

我們發現氫分子的最低能量態，也就是唯一的束縛態，有兩個自旋相反的電子，所以電子的總角動量爲零。相反的，如果鄰近的兩個氫原子有自旋相平行的電子（所以總角動量爲 $\hbar$），則它一定在（非束縛的）較高能態；這樣的原子會相互排斥，因此自旋與能量之間有著很有意思的關聯。這又是一個例子，可以用來示範我們先前提過的事情，那就是兩個自旋之間似乎存在「交互作用」能量，因爲平行自旋的能量比相反自旋高。從某種意義上講，你可以說自旋喜歡反平行的狀態，因爲這麼一來它們的能量較低，原因倒

不在於自旋之間有很大的磁力，而是因為不相容原理（exclusion principle）的緣故。

我們在 10-1 節看到，如果兩個**不同**的離子的結合只依賴**單一個**電子，這種結合是相當弱的，但如果靠**兩個**電子來結合，就**不會**是這樣了。假設圖 10-4 中的兩個質子被任何兩個離子所取代（離子的內電子殼層填滿，帶有單一個離子電荷），而且兩個離子與一個電子的結合能並不一樣，則狀態 | 1〉和狀態 | 2〉的能量仍然相等，因為在這兩個狀態中，每個離子都個別和一個電子結合在一起。所以，最後的能量差仍與機率幅 A 成正比。

依賴兩個電子的結合是很常見的現象，這是最普通的價鍵（valence bond）。化學鍵聯（chemical binding）通常牽涉到這種兩個電子來回跳躍的遊戲。雖然兩個原子可以只靠單一個電子來結合，但這是比較稀少的情形，因為這必須滿足一些特定的條件。

最後我們得提一下，如果電子受其中一個原子核的吸引力遠大於另外一個，則先前說過的「其他可能的狀態可以忽略」這件事就不對了。假設原子核 a（或是一個正離子）對於電子的吸引力遠強過原子核 b 的吸引力，那麼即便兩個電子都繞在原子核 a 旁，而沒有電子在原子核 b 旁，總能量仍可能相當低。來自原子核 a 的強大吸引力可能壓過兩個電子間的排斥力。如果是這樣，對於最低能態而言，兩個電子都處於 a 附近（產生一個負離子）的機率幅可能相當大，而 b 旁有電子的機率幅可能就很小；這種狀態看起來像是一個負離子與一個正離子。事實上，這正是一個「離子」分子的情況，例如氯化鈉（NaCl）。所以，你可以看到介於共價鍵與離子鍵之間，種種稍微不同的狀態都是可能的。

你現在可以開始瞭解，為什麼用量子力學來看待化學中的很多事實是最好的。

10-4　苯分子

　　化學家已經發明了很棒的圖，用以表示複雜的有機分子。我們現在要討論一個最有趣的有機分子——圖 10-6 所示的苯分子。苯分子是由 6 個碳原子與 6 個氫原子以對稱的方式組合起來的。圖中的每一槓都代表著**一對**自旋相反的電子在跳著共價鍵之舞。每個氫原子都貢獻出 1 個電子，每個碳原子則貢獻 4 個電子，因此共有 30 個電子牽涉在內。（碳原子核附近還有兩個構成 K 殼層的電子，我們沒把它們畫出來，因為它們被束縛得很緊，以致於不太會牽涉在共價鍵裡。）所以圖中每一槓代表一個鍵，即一對電子；而雙鍵代表有**兩對**電子存在於相鄰的每一對碳原子之間。

　　苯分子有個謎。我們可以計算需要多少能量，才能形成這個化學化合物，因為化學家已經測量一些化合物的能量，這些化合物牽涉到這個環的片段，例如他們從乙烯（ethylene）可以得知雙鍵的能

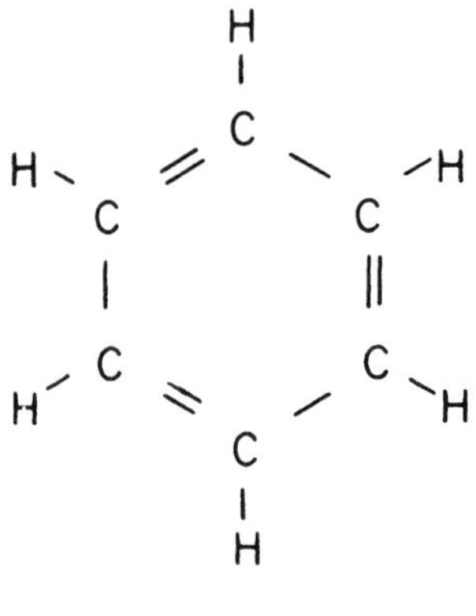

圖 10-6　苯分子，C_6H_6。

量等等。因此我們可以計算所預期的苯分子總能量。但是苯環的真正能量遠低於計算所得，它緊密結合的程度超過預期（這種預期是依據所謂的「未飽和雙鍵系統」）。一般而言，不是環形的雙鍵系統很容易處理，因為它的能量相對較高，這種雙鍵很容易為額外的氫所破壞。但是苯環相當穩定，不容易破壞。換句話說，苯的能量遠比你從鍵結的觀點所估計得低。

苯還有另一個謎。假設我們想用溴原子取代兩個相鄰的氫原子，以便得到鄰二溴苯（ortho-dibromobenzene）。如圖 10-7 所示，有兩種取代氫原子的方式：兩個溴原子可以位於雙鍵的兩端，如圖(a)所示；或是位於單鍵兩端，如圖(b) 所示。因此我們可能會猜想鄰二溴苯有兩種形式，但其實不是這樣。只有一種這樣的化合物。★

我們現在要解開這個謎，不過你或許已經猜到答案：只要注意到苯環的「基態」其實是雙態系統！我們可以想像，苯環中的鍵結可以是圖 10-8 的兩種安排之一。你會說：「但它們是一樣的，它們的能量應該一樣。」的確，它們的能量應該一樣。所以我們必須將它們當成雙態系統來分析。不同的狀態代表整組電子的不同組態，而且有個機率幅 A，可以讓全部的電子從一種組態變到另一種組態，電子可能從一種舞步變換到另一種舞步。

★原注：我們在此稍微太簡化了些。化學家本來以為應該有四種二溴苯：其中兩種，二溴苯的兩個溴原子分別位於最近的兩個碳原子旁（鄰二溴苯），第三種二溴苯的兩個溴原子位於次近的兩個碳原子旁（間二溴苯），第四種二溴苯的溴原子剛好面對面相望（對二溴苯）。但是他們只發現三種形式，因為鄰二溴苯只有一種形式。

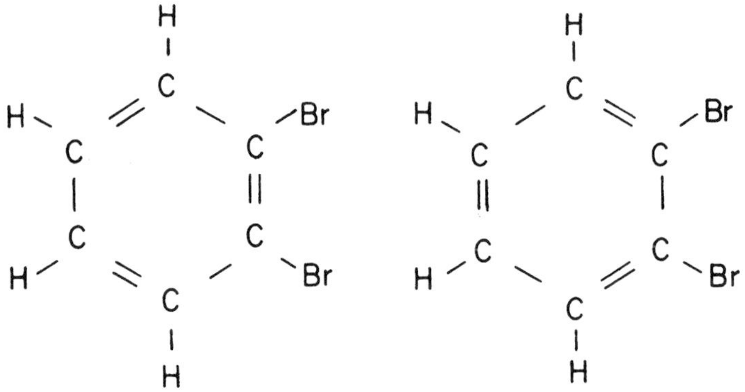

<u>圖 10-7</u> 鄰二溴苯的兩種可能性。
兩個溴原子可以隔著單鍵或雙鍵相鄰。

　　我們已經看到，這種變換的可能性會讓一種混合態的能量比預期中圖 10-8 所示兩種狀態的能量更低。的確是這樣，這系統有兩個定態，其中之一的能量比預期的高，另一的能量則較低。因此，苯環的真正最低能量態並非圖 10-8 所示的兩種狀態之一，而是有 $1/\sqrt{2}$ 的機率幅可以處於每一種狀態。常溫下，苯分子的化學只會牽涉到基態。附帶一提，較高能量的定態也存在，我們之所以知道這一點，是因為苯分子會強烈的吸收頻率 $\omega = (E_I - E_{II})/\hbar$ 的紫外光。你記得，在氨分子中，來回跳躍的是物體是三個質子，而定態能量差是落在微波範圍。在苯分子中，來回跳躍的是電子，使得機率幅 A 比氨的情形大很多，結果是兩定態的能量差遠較氨來得大，大約是 1.5 電子伏特，正是紫外光子的能量。★

　　如果我們用溴原子取代氫原子會如何？再次的，圖 10-7(a) 與 (b) 所示的兩種「可能性」代表兩種電子組態，唯一的區別是這兩個基底狀態會有稍微不同的能量。最低能態仍然牽涉到這兩個狀態

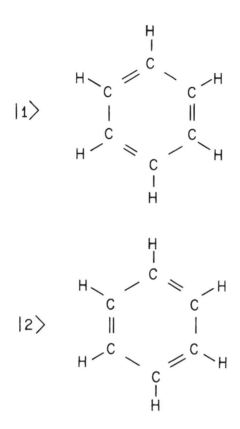

<u>圖 10-8</u> 苯分子的一組基底狀態

＊原注：我們的説法有一點點誤導。對於苯這雙態系統來説，
紫外光的吸收會很微弱，因為這兩個狀態之間的偶極矩矩陣
元素為零。（這兩個狀態從電的角度而言是對稱的，所以躍
遷機率(9.55)式中的偶極矩 μ 為零，光不會被吸收。）如果情
況真是如此，我們就得用別的方法展現較高能量的定態。但
是更為完整的苯環理論包含了較多的基底狀態（例如那些有
相鄰雙鍵的狀態），所以苯環真正的定態與我們所談的稍有不
同，偶極矩也不為零，允許了前面談到的紫外光吸收躍遷。

的線性組合，但是係數（機率幅）不同。譬如說，狀態 $|1\rangle$ 的機率幅可能是像 $\sqrt{2/3}$，而狀態 $|2\rangle$ 的機率幅可能是 $\sqrt{1/3}$。在沒有更多資訊之前，我們僅能知道這些；但是只要能量 H_{11} 和 H_{22} 不再相等，機率幅 C_1 和 C_2 也就不會相等。這表示，圖中的兩種可能性之一的機率會比另一個的更大，然而兩者都有可能，因為電子的活動性夠強。另一個定態會有不同的線性組合係數（例如 $\sqrt{2/3}$ 與 $-\sqrt{1/3}$），但是能量較高。這系統只有一個最低能態，而不是如膚淺的固定化學鍵理論所設想的那般有兩種最低狀態。

10-5 染料

我們再討論一個化學中雙態現象的例子，這次的分子尺度更大，和染料理論有關。很多染料，事實上是多數的人工染料，有個有趣的特質：它們有種對稱性。圖 10-9 顯示一種稱為洋紅（magenta）的染料的離子，這染料的顏色是紅中帶紫。這個分子有三個環，其

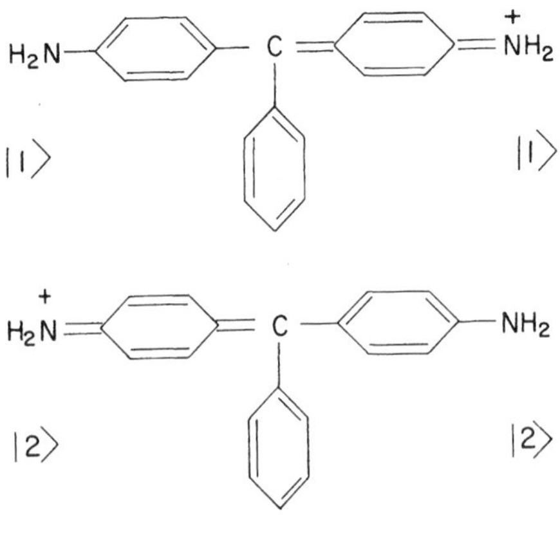

圖 10-9　洋紅染料分子的兩個基底狀態

中兩個是苯環,第三個環和苯環不完全一樣,因為它只有兩個雙鍵。

　　圖10-9顯示兩種同樣恰當的形狀,我們會猜它們應該有相同的能量;不過有個機率幅讓電子從一個形狀跳到另一個形狀,使得「未填滿」的位置跑到另一端去。因為牽涉到很多電子,所以來回變換的機率幅比苯分子的情形來得小,兩個定態的能量差也因而比較小。總之,我們有通常的定態 $|I\rangle$ 和 $|II\rangle$,它們分別是圖中兩種基底狀態的和與差。$|I\rangle$ 和 $|II\rangle$ 的能量差剛好等於可見光範圍中光子的能量。如果把光照射分子,某個頻率的光會被大量吸收,所以它看起來顏色鮮明。這正是它成為染料的原因!

　　這種染料分子的另一項特質是,對於圖中這兩個基底態來說,電荷的中心位置位於不同的地方。因此這個分子應該會受到外在電場的強烈影響。氨分子也有類似的效應。很顯然的,我們可以用完全一樣的數學來分析,只要我們知道 E_0 和 A。它們通常得由實驗數據去獲得。如果有人測量了很多染料,他有可能猜出某個相關染料分子的行為。因為電荷中心位置的變動相當大,(9.55)式中的 μ 值很大,材料就有很高的機率可以吸收頻率等於 $2A/\hbar$ 的光。所以染料不僅帶有顏色,而且色彩很強,一點點染料就會吸收很多光。

　　電子來回變換的速率對於分子的完整結構很敏感,因此 A 也是這樣;只要改變 A,定態之間的能量差與染料的顏色也就跟著改變。同時分子也不必有完美的對稱,我們已經看到過,即使存在著些許的不對稱,同樣的基本現象在稍加修正後還是存在。所以我們可以在分子中引入一些不對稱來改變顏色。例如,有另一種重要的染料孔雀綠(malachite green)和洋紅很像,但是其中的兩個氫為 CH_3 所取代;因為 A 改變了,來回變換的速率不一樣了,於是顏色也就不同。

10-6 自旋 1/2 粒子在磁場中的哈密頓矩陣

我們現在想討論牽涉到自旋 1/2 物體的雙態系統。我們要討論的一些東西已經在前幾章出現過，但是再討論一遍有助於澄清某些疑點。我們可以把電子想成是雙態系統。雖然我們在這裡所談論的是「一個電子」，然而結果可以適用於**任何**自旋 1/2 的粒子。假設我們所選的基底狀態 $|1\rangle$ 和 $|2\rangle$ 就是電子的自旋沿著 z 軸的分量為 $+\hbar/2$ 與 $-\hbar/2$ 的狀態。

這些狀態當然就是我們在前幾章稱為(+)與(-)的狀態。但是為了讓這一章的記號一致，我們稱「正」的自旋態 $|1\rangle$ 以及「負」的自旋態 $|2\rangle$，所謂的「正」與「負」指的是 z 軸的角動量。

電子任何的可能狀態 ψ 可以用(10.1)來描述，其中的 C_1 是電子在狀態 $|1\rangle$ 的機率幅，C_2 是電子在狀態 $|2\rangle$ 的機率幅。如果要處理這個問題，我們得知道這雙態系統（磁場中的電子）的哈密頓矩陣。我們先考慮特殊的情況——磁場在 z 軸的方向。

假設磁場向量 $\boldsymbol{B}$ 只有 z 分量 B_z。我們從兩個基底狀態的定義（即自旋與 $\boldsymbol{B}$ 平行或反平行）就知道具有固定能量的定態：狀態 $|1\rangle$ 的能量* 等於 $-\mu B_z$，狀態 $|2\rangle$ 的能量等於 $+\mu B_z$。在這種情形下，哈密頓矩陣必然很簡單，因為處於狀態 $|1\rangle$ 的機率幅 C_1 不會受到 C_2 的影響，反之亦然：

＊原注：我們把靜能量 m_0c^2 當成能量的「零點」，而且既然磁矩指向與自旋相反的方向，我們把磁矩視為**負數**。

$$i\hbar \frac{dC_1}{dt} = E_1 C_1 = -\mu B_z C_1$$

$$i\hbar \frac{dC_2}{dt} = E_2 C_2 = +\mu B_z C_2$$

(10.17)

所以對於這個特殊狀況來說,哈密頓矩陣就是

$$H_{11} = -\mu B_z \qquad H_{12} = 0$$

$$H_{21} = 0 \qquad H_{22} = +\mu B_z$$

(10.18)

因此我們知道了,當磁場在 z 方向時的哈密頓矩陣,也知道定態的能量爲何。

萬一磁場並**不**是在 z 方向,那麼哈密頓矩陣是什麼?如果磁場不在 z 方向,矩陣元素會變成什麼?我們要假設有某種疊加原理適用於哈密頓矩陣;更明確點說,我們要假設,如果兩個磁場疊加在一起,則它們所對應的哈密頓矩陣也應該加起來,如果我們知道純 B_z 的 H_{ij},也知道純 B_x 的 H_{ij},則 B_z 與 B_x 同時存在時的哈密頓矩陣就是兩個 H_{ij} 的和。如果磁場只有 z 分量,這個規則當然成立,假設 B_z 變成兩倍,則 H_{ij} 也會變成兩倍。所以我們假設 H 與磁場 $\boldsymbol{B}$ 有線性關係,如此一來,我們就可以得到任何磁場下的 H_{ij}。

假設有個固定磁場 $\boldsymbol{B}$,我們**可以**選擇其方向就是沿著我們的 z 軸,而且**也會**發現兩個定態的能量是 $\mp\mu B$。如果我們選擇了另一種座標軸,**物理**並不會改變。我們的**描述**定態的方式會不一樣,但是它們的能量**依然**是 $\mp\mu B$,亦即

$$E_I = -\mu\sqrt{B_x^2 + B_y^2 + B_z^2}$$

與

$$E_{II} = +\mu\sqrt{B_x^2 + B_y^2 + B_z^2}$$

(10.19)

剩下的遊戲就簡單了。我們已經有了以上的能量公式，我們想找的是哈密頓矩陣，它的元素是 B_x、B_y、B_z 的線性函數，而且我們可以用(10.3)式這個一般公式來計算能量。問題在於找出哈密頓矩陣。首先請注意，定態能量的分裂是對稱的（見(10.19)式），而且其平均值爲零，從(10.3)式可以看出這種情況需要以下的條件：

$$H_{22} = -H_{11}$$

（如果 B_x 和 B_y 都等於零，我們先前已知 $H_{11} = -\mu B_z$，$H_{22} = \mu B_z$，所以上面這個結果與我們已知的相符。）如果讓(10.3)式的能量等於(10.19)式的能量，就得到

$$\left(\frac{H_{11} - H_{22}}{2}\right)^2 + |H_{12}|^2 = \mu^2(B_x^2 + B_y^2 + B_z^2) \quad (10.20)$$

（我們已經用上了 $H_{21} = H^*_{12}$ 的條件，所以 $H_{21}H_{12}$ 可以寫成 $|H_{12}|^2$。）對於磁場只有 z 分量這特殊情形來說，(10.20)式變成

$$\mu^2 B_z^2 + |H_{12}|^2 = \mu^2 B_z^2$$

所以在這特殊情況下，$|H_{12}|$ 一定等於零。這表示 H_{12} 不會有正比於 B_z 的項。（請記得，我們要求所有的元素是 B_x、B_y 及 B_z 的線性函數。）

到目前爲止，我們發現 H_{11} 與 H_{22} 有 B_z 的項，但 H_{12} 與 H_{21} 則沒有。我們可以簡單的猜說

$$H_{11} = -\mu B_z$$
$$H_{22} = \mu B_z \quad (10.21)$$

以及

$$|H_{12}|^2 = \mu^2(B_x^2 + B_y^2)$$

這會滿足(10.20)式。事實上,這是**唯一**可能的解。

你或許會說:「等一下,H_{12} 不是 B 的線性項;(10.21)說 H_{12} 等於 $\mu\sqrt{B_x^2 + B_y^2}$!」但其實不必然是這樣,另外一種可能性是

$$H_{12} = \mu(B_x + iB_y)$$

這時 H_{12} 還是 B 的線性項!事實上,還有其他幾種可能,最一般性的情況是

$$H_{12} = \mu(B_x \pm iB_y)e^{i\delta}$$

這裡的 δ 是任意的相位角。我們應該選什麼符號與相位?其實你可以選用任一符號與任何的相位,而不會影響物理結果;所以怎麼選只是習慣問題而已。以前的人已經選用了負號,同時令 $e^{i\delta} = -1$。我們何不就跟隨他們,令

$$H_{12} = -\mu(B_x - iB_y), \qquad H_{21} = -\mu(B_x + iB_y)$$

(順帶一提,上面的選擇和第 6 章的某些選擇是相符的。)

那麼,電子在任意磁場中的完整哈密頓矩陣就是

$$\begin{aligned}
H_{11} &= -\mu B_z & H_{12} &= -\mu(B_x - iB_y) \\
H_{21} &= -\mu(B_x + iB_y) & H_{22} &= +\mu B_z
\end{aligned} \tag{10.22}$$

機率幅 C_1 與 C_2 所滿足的方程式是

$$\begin{aligned}
i\hbar \frac{dC_1}{dt} &= -\mu[B_z C_1 + (B_x - iB_y)C_2] \\
i\hbar \frac{dC_2}{dt} &= -\mu[(B_x + iB_y)C_1 - B_z C_2]
\end{aligned} \tag{10.23}$$

所以，我們已經發現了電子在磁場中「自旋態的運動方程式」。我們利用了一些物理論證來猜出它們，但是任何哈密頓矩陣的真正考驗在於它的預測必須與實驗一致。根據所有已做過的實驗，這組方程式是正確的。事實上，我們的論證雖然只適用於固定磁場，對於隨時間變化的磁場而言，這個哈密頓矩陣也還是對的。因此我們可以用(10.23)式來探討各種有趣的問題。

10-7 磁場中的自旋電子

第一個例子：有一個固定磁場在 z 方向；我們只有兩個定態，能量是 $\mp \mu B_z$。假設在 x 方向加上一小磁場，則問題看起來像是前面的雙態問題。我們又碰見來回變換的情況，定態的能量也會稍分裂開來。現在讓磁場的 x 分量隨時間改變，例如 $\cos \omega t$。如此一來，我們的方程式就和第 9 章中描述氨分子位於一振盪電場中的方程式相同。你可以用同樣的方法求出細節，結論是當水平磁場以近乎共振頻率 $\omega_0 = 2 \mu B_z / \hbar$ 振盪時，它會讓系統從 $+z$ 態躍遷至 $-z$ 態，反之亦然。**這就是我們在第 II 卷第 35 章（見本卷末的附錄）所描述的磁共振現象的量子力學理論。**

我們也可以用自旋 1/2 系統來做邁射。我們用斯特恩—革拉赫裝置來產生極化粒子束，粒子的自旋是在 $+z$ 方向，然後將粒子束送入空腔內，腔內有固定磁場。空腔中的振盪電磁場會和磁矩耦合而誘發躍遷，將能量送入空腔。

我們現在考慮以下的問題：假設磁場 B 所指的方向的極角（polar angle）是 θ，方位角（azimuthal angle）是 ϕ，如圖 10-10 所示。又假設有一個電子其自旋與磁場平行，那麼這樣一個電子的機率幅 C_1 與 C_2 是什麼？換句話說，如果電子的狀態為 $|\psi\rangle$，我們會寫下

$$| \psi \rangle = | 1 \rangle C_1 + | 2 \rangle C_2$$

其中的 C_1 與 C_2 是

$$C_1 = \langle 1 | \psi \rangle, \qquad C_2 = \langle 2 | \psi \rangle$$

這裡的 $| 1 \rangle$ 和 $| 2 \rangle$ 與先前我們稱爲 $| + \rangle$ 和 $| - \rangle$（指的是我們所選的 z 軸）的狀態是一樣的。

　　我們可以從雙態系統的一般方程式中，去找到這個問題的答案。首先，我們知道電子的自旋既然與 $\boldsymbol{B}$ 平行，它就處於定態中，此定態的能量是 $E_I = -\mu B$。所以 C_1 與 C_2 中隨時間改變的部分一定是 $e^{-iE_I t/\hbar}$，和(9.18)式一樣；它們的係數 a_1 與 a_2 滿足(10.5)式，亦即

$$\frac{a_1}{a_2} = \frac{H_{12}}{E_I - H_{11}} \tag{10.24}$$

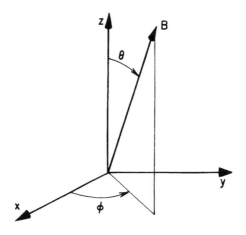

圖 10-10　$\boldsymbol{B}$ 的方向取決於極角 θ 與方位角 ϕ。

一個額外的限制是，a_1 與 a_2 必須滿足歸一化條件 $|a_1|^2 + |a_2|^2 = 1$。我們可以從(10.22)式得到 H_{11} 與 H_{12}，其中 **B** 場的分量可設爲

$$B_z = B \cos\theta, \quad B_x = B \sin\theta \cos\phi, \quad B_y = B \sin\theta \sin\phi$$

所以，我們得到

$$H_{11} = -\mu B \cos\theta$$
$$H_{12} = -\mu B \sin\theta\,(\cos\phi - i\sin\phi) \tag{10.25}$$

第二個式子的最後一個因子恰好是 $e^{-i\phi}$，因此可以寫成比較簡單的

$$H_{12} = -\mu B \sin\theta\, e^{-i\phi} \tag{10.26}$$

將這些結果代入(10.24)式，然後從分子與分母共同消去 $-\mu B$，就得到

$$\frac{a_1}{a_2} = \frac{\sin\theta\, e^{-i\phi}}{1 - \cos\theta} \tag{10.27}$$

有了 a_1 與 a_2 的比值，以及歸一化條件，我們可以求出 a_1 與 a_2。那並不難，但是如果用個小技巧可以快一些：因爲 $1 - \cos\theta = 2\sin^2(\theta/2)$，以及 $\sin\theta = 2\sin(\theta/2)\cos(\theta/2)$，(10.27)式就等於

$$\frac{a_1}{a_2} = \frac{\cos\dfrac{\theta}{2}\, e^{-i\phi}}{\sin\dfrac{\theta}{2}} \tag{10.28}$$

所以一個可能的答案是

$$a_1 = \cos\frac{\theta}{2}\, e^{-i\phi}, \qquad a_2 = \sin\frac{\theta}{2} \tag{10.29}$$

因爲它滿足(10.28)以及歸一化條件

$$|a_1|^2 \;+\; |a_2|^2 \;=\; 1$$

其實讓 a_1 與 a_2 乘上任意相位因子並不會改變物理，人們通常喜歡把(10.29)乘上一個因子 $e^{i\phi/2}$，讓它看起來較為對稱；所以通常使用的形式是

$$a_1 \;=\; \cos\frac{\theta}{2}\, e^{-i\phi/2}, \qquad a_2 \;=\; \sin\frac{\theta}{2}\, e^{+i\phi/2} \qquad (10.30)$$

這就是我們問題的答案：如果電子自旋方向的極角與方位角是 θ 與 ϕ，則複數 a_1 與 a_2 就是發現電子自旋是沿著 z 軸向上或向下的機率幅。（機率幅 C_1 與 C_2，只是 a_1 與 a_2 乘上 $e^{-iE_\parallel t/\hbar}$ 而已。）

現在請注意一件有趣的事：磁場的大小 B 並沒有出現在(10.30)式中，這個結果很顯然在 B 趨近於零的極限下仍適用。這意味著，我們已經知道如何**一般性**的表示自旋是沿著任意軸的一個粒子。(10.30)式的機率幅是自旋 1/2 粒子的投影機率幅，這投影機率幅的意義類似於第 5 章中所討論的自旋 1 粒子的投影機率幅，所以我們現在就可以算出來，過濾後的自旋 1/2 粒子束通過任意特定「斯特恩—革拉赫濾器」的機率幅。

令 $|+z\rangle$ 代表自旋是沿著 z 軸向上的狀態，$|-z\rangle$ 代表自旋向下的狀態。如果 $|+z'\rangle$ 代表自旋是延著 z' 軸（極角與方位角是 θ 與 ϕ）向上的狀態，那麼以第 5 章的記號來說，我們得到

$$\langle +z \,|\, +z'\rangle \;=\; \cos\frac{\theta}{2}\, e^{-i\phi/2}, \qquad \langle -z \,|\, +z'\rangle \;=\; \sin\frac{\theta}{2}\, e^{+i\phi/2}$$

$$(10.31)$$

這個結果與第 6 章的(6.36)式相同，當時我們是用幾何方法去推導的。（所以如果你決定跳過第 6 章，現在還是學到了基本結果。）

我們最後一個例子其實以前已經提過好幾次。假設考慮以下的

問題：有一個電子，其自旋在某個指定的方向，接著在 z 方向施加一磁場 25 分鐘，然後關掉磁場；請問最後狀態爲何？讓我們再次把電子狀態寫成線性組合 $|\psi\rangle = |1\rangle C_1 + |2\rangle C_2$，但是現在有固定能量的定態，也正是我們的基底狀態 $|1\rangle$ 和 $|2\rangle$，所以 C_1 與 C_2 以相同的相位隨時間變化。我們知道

$$C_1(t) = C_1(0)e^{-iE_I t/\hbar} = C_1(0)e^{+i\mu B t/\hbar}$$

以及

$$C_2(t) = C_2(0)e^{-iE_{II} t/\hbar} = C_2(0)e^{-i\mu B t/\hbar}$$

　　因爲電子自旋最初是指向某個方向，所以最初的 C_1 與 C_2 是 (10.30)式所給的兩個複數；在過了時間 T 之後，C_1 與 C_2 就是同樣的兩個數字分別乘上 $e^{i\mu B_z T/\hbar}$ 與 $e^{-i\mu B_z T/\hbar}$。這個狀態到底是什麼？很簡單，它就是同一個狀態，除了方位角 ϕ 減少了 $2\mu B_z T/\hbar$，而極角 θ 仍保持不變。這意味著，在過了時間 T 之後，狀態 $|\psi\rangle$ 代表的是，一個電子其自旋所指的方向等於原來的方向繞著 z 軸旋轉了角度 $\Delta\phi = 2\mu B_z T/\hbar$。既然旋轉的角度與 T 成正比，我們可以說自旋的方向以角速率 $2\mu B_z/\hbar$ 繞著 z 軸**進動**（precess）。我們先前已經幾次討論過這個結果，只是討論的方式比較不完整也不嚴謹；現在我們已經用量子力學來完整精確的描述原子磁體的進動。

　　我們剛才討論磁場中自旋電子所用的數學，可以適用於**任何雙態系統**。這表示我們只要找出雙態系統與自旋電子間的數學**類比**，就可以用純幾何方法解決雙態系統的**任何問題**，方法如下：首先，你改變能量的零點以讓 $(H_{11} + H_{22})$ 等於零，也就是 $H_{11} = -H_{22}$。那麼在**形式**上，任何雙態問題就等於電子在磁場中的問題。接下來你只需要**認定** $-\mu B_z$ 等於 H_{11}，以及 $-\mu(B_x - iB_y)$ 等於 H_{12}。無論原來

的物理是什麼，不管是氨分子或任何其他系統，你可以將它翻譯成相對應的電子問題。所以，我們如果能夠**一般性**的解決電子問題，就可以解決**所有**的雙態問題。

而我們在電子問題上頭已經有一般性的解！假設一開始的自旋在某個方向上是「向上」的，同時有磁場 B 指向另一個方向。你可以讓自旋繞著 B 軸旋轉，旋轉的**向量**角速度 $\omega(t)$ 等於某常數乘以向量 B（即 $\omega = 2\mu B/\hbar$）。當 B 隨時間改變，你得改變旋轉軸讓它和 B 保持平行，同時改變旋轉的速率讓它永遠正比於 B 的大小。見圖 10-11。如果你不斷的這麼做，最後會得到某個自旋軸的取向，而利用(10.30)式，機率幅 C_1 與 C_2 就只是在座標軸上的投影。所以這只是個追蹤旋轉後方向的幾何問題。

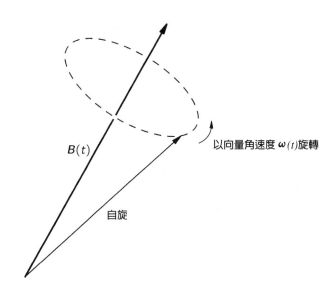

$B(t)$

以向量角速度 $\omega(t)$ 旋轉

自旋

圖 10-11　在變動磁場 $B(t)$ 中，電子自旋的方向以頻率 $\omega(t)$ 繞著與 B 平行的軸進動。

　　雖然就原則而論，這個問題很簡單，但是在一般情況中如要明確的解決這幾何問題（找出旋轉後的方向，但角速度向量會隨時間而變），並不是那麼容易。總之，**原則上**我們已經找到雙態問題的通解。下一章中，我們會討論更多處理自旋 1/2 粒子，亦即一般雙態系統的數學技巧。

第11章
更多的雙態系統

11-1 包立自旋矩陣

我們繼續討論雙態系統。上一章最後,我們討論到在磁場中的自旋 1/2 粒子;我們用機率幅 C_1 和 C_2 來描述自旋狀態,C_1 是自旋角動量的 z 分量為 $\hbar/2$ 的機率幅,C_2 則是 z 分量為 $-\hbar/2$ 的機率幅。在前面幾章,我們稱這些基底狀態為 $|+\rangle$ 和 $|-\rangle$。我們現在回頭使用這些記號,只是有時候為了方便,我們會交互使用 $|+\rangle$ 和 $|1\rangle$,以及 $|-\rangle$ 和 $|2\rangle$。

上一章裡,我們看到當磁矩為 μ 的自旋 1/2 粒子位於磁場 $\boldsymbol{B} = (B_x, B_y, B_z)$ 中之時,機率幅 C_+($= C_1$)與 C_-($= C_2$)滿足以下的聯立方程式:

$$i\hbar \frac{dC_+}{dt} = -\mu[B_z C_+ + (B_x - iB_y)C_-]$$
$$i\hbar \frac{dC_-}{dt} = -\mu[(B_x + iB_y)C_+ - B_z C_-] \tag{11.1}$$

換句話說,哈密頓矩陣 H_{ij} 就是

$$H_{11} = -\mu B_z, \qquad\qquad H_{12} = -\mu(B_x - iB_y)$$
$$H_{21} = -\mu(B_x + iB_y), \qquad H_{22} = +\mu B_z \tag{11.2}$$

(11.1)式當然也就是

請複習:第 I 卷第 33 章〈偏振〉。

原注:在第一次讀這本書時,應該先跳過 11-5 節。這一節屬於進階課程,不太適合當作初級課程。

$$i\hbar \frac{dC_i}{dt} = \sum_j H_{ij} C_j \tag{11.3}$$

其中 i 和 j 可以是 + 或 −（1 或 2）。

　　電子自旋的雙態系統太重要了，如果能以一種比較簡潔的方式來寫方程式，是非常有用的。我們現在介紹一些相關的數學，以讓你們知道平常人們怎麼寫雙態系統的方程式。那是這麼做的：首先，注意哈密頓矩陣的每個元素都正比於 μ 以及 B 的某些分量；因此我們可以**純形式化**的將其寫成

$$H_{ij} = -\mu[\sigma_{ij}^x B_x + \sigma_{ij}^y B_y + \sigma_{ij}^z B_z] \tag{11.4}$$

這裡沒有新物理，這個方程式只是在說，我們可以找到係數 σ_{ij}^x、σ_{ij}^y、σ_{ij}^z（共有 $4 \times 3 = 12$ 個），使得(11.4)式等價於(11.2)式。

　　怎麼做呢？我們先從 B_z 開始；既然 B_z 只出現在 H_{11} 與 H_{22} 中，我們可以設

$$\sigma_{11}^z = 1, \qquad \sigma_{12}^z = 0$$
$$\sigma_{21}^z = 0, \qquad \sigma_{22}^z = -1$$

我們通常會將哈密頓矩陣 H_{ij} 寫成一個小表，像這樣：

$$H_{ij} = \overset{i \downarrow}{} \overset{\overset{j \longrightarrow}{}}{\begin{pmatrix} H_{11} & H_{12} \\ H_{21} & H_{22} \end{pmatrix}}$$

對於在磁場 B_z 中的自旋 1/2 粒子而言，哈密頓矩陣寫成

$$H_{ij} = \overset{i \downarrow}{} \overset{\overset{j \longrightarrow}{}}{\begin{pmatrix} -\mu B_z & -\mu(B_x - iB_y) \\ -\mu(B_x + iB_y) & +\mu B_z \end{pmatrix}}$$

同樣的，我們也可以把係數 σ_{ij}^z 寫成矩陣

$$\sigma_{ij}^z = \,{}^i\!\downarrow\overset{\overset{j}{\longrightarrow}}{\begin{pmatrix} 1 & 0 \\ 0 & -1 \end{pmatrix}} \tag{11.5}$$

下一步處理 B_x 的係數，我們會發現 σ^x 的項必須是

$$\sigma_{11}^x = 0, \qquad \sigma_{12}^x = 1$$
$$\sigma_{21}^x = 1, \qquad \sigma_{22}^x = 0$$

或是簡單寫成

$$\sigma_{ij}^x = \begin{pmatrix} 0 & 1 \\ 1 & 0 \end{pmatrix} \tag{11.6}$$

最後處理 B_y 的係數，我們得到

$$\sigma_{11}^y = 0, \qquad \sigma_{12}^y = -i$$
$$\sigma_{21}^y = i, \qquad \sigma_{22}^y = 0$$

或

$$\sigma_{ij}^y = \begin{pmatrix} 0 & -i \\ i & 0 \end{pmatrix} \tag{11.7}$$

有了這三個 σ 矩陣，(11.2)式與(11.4) 式就完全一樣。為了留一些空間給下標 i 和 j，我們把 x、y、z 放在上標，以便顯示哪一個 σ 和哪一個 $\boldsymbol{B}$ 的分量搭配在一起。但是，通常我們會省略掉 i 和 j，要想像它們在那裡很容易，而把 x、y、z 寫在下標。所以 (11.4)式就寫成

$$H = -\mu[\sigma_x B_x + \sigma_y B_y + \sigma_z B_z] \tag{11.8}$$

因為 σ 矩陣太重要了，專家經常會用到，於是我們把它們整理在一

起，放在表 11-1 中。（任何想要使用量子力學的人，必須把它們背下來。）它們也稱爲**包立自旋矩陣**，因爲它們是包立（Wolfgang Pauli, 1900-1958）所發明的。

表 11-1　包立自旋矩陣

$$\sigma_z = \begin{pmatrix} 1 & 0 \\ 0 & -1 \end{pmatrix}$$

$$\sigma_x = \begin{pmatrix} 0 & 1 \\ 1 & 0 \end{pmatrix}$$

$$\sigma_y = \begin{pmatrix} 0 & -i \\ i & 0 \end{pmatrix}$$

$$1 = \begin{pmatrix} 1 & 0 \\ 0 & 1 \end{pmatrix}$$

表 11-1 還包括了另一個 2 乘 2 的矩陣，如果我們想要處理一個具有兩個相同能量自旋態的系統，或是想選擇不同的零點能量，這個額外的矩陣是不可或缺的。因爲我們如果要這麼做，必須把 $E_0 C_+$ 加到(11.1)式的第一個方程式，同時把 $E_0 C_-$ 加到(11.1)式的第二個方程式裡；我們可以用新記號來表示這種做法，但是得定義一種新的**單位矩陣「1」**如下：

$$1 = \delta_{ij} = \begin{pmatrix} 1 & 0 \\ 0 & 1 \end{pmatrix} \tag{11.9}$$

然後把(11.8)式改寫爲

$$H = E_0 \delta_{ij} - \mu(\sigma_x B_x + \sigma_y B_y + \sigma_z B_z) \tag{11.10}$$

通常，大家有**共識**，如果碰到常數如 E_0，應自動將它乘以單位矩

陣：這麼一來，我們只要寫成

$$H = E_0 - \mu(\sigma_x B_x + \sigma_y B_y + \sigma_z B_z) \tag{11.11}$$

自旋矩陣有用的理由之一是，**任何 2 乘 2 矩陣可以寫成自旋矩陣的組合**。任何矩陣 2 乘 2 有四個元素，如

$$M = \begin{pmatrix} a & b \\ c & d \end{pmatrix}$$

它可以寫成四個矩陣的線性組合，例如

$$M = a\begin{pmatrix} 1 & 0 \\ 0 & 0 \end{pmatrix} + b\begin{pmatrix} 0 & 1 \\ 0 & 0 \end{pmatrix} + c\begin{pmatrix} 0 & 0 \\ 1 & 0 \end{pmatrix} + d\begin{pmatrix} 0 & 0 \\ 0 & 1 \end{pmatrix}$$

還有很多其他方法可以這麼做，但是一種特別的方法是說，M 是某些量乘上 σ_x，加上某些量乘上 σ_y 等等，就如

$$M = \alpha 1 + \beta\sigma_x + \gamma\sigma_y + \delta\sigma_z$$

其中的係數 α、β、γ、δ，一般而言是複數。

既然任何 2 乘 2 矩陣可以表示成單位矩陣與 σ 矩陣的組合，我們就可以處理任何雙態系統了。例如氨分子、洋紅染料分子或其他，無論是什麼樣的雙態系統，哈密頓方程式可以用這些 σ 矩陣來寫。從電子在磁場中的物理狀況來看，σ 矩陣似乎有些幾何意義，然而我們可以把它們想成只是有用的矩陣，可以用於任何雙態問題。

舉個例子，一種看待質子與中子的方式，是把它們看成是同一個粒子的兩種狀態；我們說**核子**（質子或中子）是一個雙態系統，這兩個態的電荷不一樣。因此我們可以用狀態 $|1\rangle$ 代表質子，用

狀態 $|2\rangle$ 代表中子。人們一般稱核子有兩個「同位旋」（isotopic-spin）狀態。

　　既然我們在雙態系統量子力學的「代數」中，常常會用到 σ 矩陣，我們就很快的回顧一下矩陣代數的法則。當我們把兩個或多個矩陣「加」起來的時候，我們的意思與(11.4)式中很明顯的意函是一樣的。一般而言，如果我們把兩矩陣 A 和 B「加」起來的時候，得到「和」矩陣 C，其元素 C_{ij} 滿足下式：

$$C_{ij} = A_{ij} + B_{ij}$$

也就是說，C 的每一項等於 A 與 B 在相對位置元素的和。

　　我們在 5-6 節已經碰過矩陣「乘積」，這個概念在處理 σ 矩陣時很有用。通常來說，兩個矩陣 A 與 B（依順序）的「乘積」定義為另一個矩陣 C，C 的元素是

$$C_{ij} = \sum_k A_{ik}B_{kj} \tag{11.12}$$

這個和的其中每一項，是 A 的 i 列元素與 B 的 j 行元素配對相乘而得的。如果把矩陣寫成如次頁圖 11-1 的表，我們就有個好「系統」可以得到矩陣乘積元素。假設你想計算 C_{23}，把你的左食指沿著 A 的**第二列**一項一項指過來，把你的右食指沿著 B 的**第三行**一項一項指下來，把每一對乘在一起，然後加起來。我們用圖 11-1 來表示這個運算過程。

　　對於 2 乘 2 矩陣來說，這種乘法當然特別簡單。例如，把 σ_x 乘上 σ_x，就得到

$$\sigma_x^2 = \sigma_x \cdot \sigma_x = \begin{pmatrix} 0 & 1 \\ 1 & 0 \end{pmatrix} \cdot \begin{pmatrix} 0 & 1 \\ 1 & 0 \end{pmatrix} = \begin{pmatrix} 1 & 0 \\ 0 & 1 \end{pmatrix}$$

$$\begin{pmatrix} A_{11} & A_{12} & A_{13} & A_{14} \\ A_{21} & A_{22} & A_{23} & A_{24} \\ A_{31} & A_{32} & A_{33} & A_{34} \\ A_{41} & A_{42} & A_{43} & A_{44} \end{pmatrix} \cdot \begin{pmatrix} B_{11} & B_{12} & B_{13} & B_{14} \\ B_{21} & B_{22} & B_{23} & B_{24} \\ B_{31} & B_{32} & B_{33} & B_{34} \\ B_{41} & B_{42} & B_{43} & B_{44} \end{pmatrix}$$

$$= \begin{pmatrix} C_{11} & C_{12} & C_{13} & C_{14} \\ C_{21} & C_{22} & C_{23} & C_{24} \\ C_{31} & C_{32} & C_{33} & C_{34} \\ C_{41} & C_{42} & C_{43} & C_{44} \end{pmatrix}$$

$$C_{ij} = \sum_k A_{ik} B_{kj}$$

例如：　$C_{23} = A_{21}B_{13} + A_{22}B_{23} + A_{23}B_{33} + A_{24}B_{43}$

Fig. 11-1. Multiplying two matrices.

圖 11-1　兩矩陣相乘

相乘之後，得到單位矩陣。再看另一個例子，σ_x 乘 σ_y：

$$\sigma_x \sigma_y = \begin{pmatrix} 0 & 1 \\ 1 & 0 \end{pmatrix} \cdot \begin{pmatrix} 0 & -i \\ i & 0 \end{pmatrix} = \begin{pmatrix} i & 0 \\ 0 & -i \end{pmatrix}$$

對照表 11-1，你會發現這個乘積只是 i 乘上矩陣 σ_z。（記得一個數字乘上一個矩陣，就是將這個數乘以矩陣的每一個元素。）既然 σ 矩陣兩兩相乘相當重要，同時也很有趣，我們把所有結果列在表 11-2。你可以一一算出這些結果，如同前面我們算出 σ_x^2 與 $\sigma_x\sigma_y$ 一樣。

　　關於這些 σ 矩陣，還有一件事非常重要，也非常有趣，那就是只要我們願意，我們可以把這三個矩陣 σ_x、σ_y、σ_z 想像成是一個

表 11-2 自旋矩陣的乘積

$$\sigma_x^2 = 1$$
$$\sigma_y^2 = 1$$
$$\sigma_z^2 = 1$$
$$\sigma_x\sigma_y = -\sigma_y\sigma_x = i\sigma_z$$
$$\sigma_y\sigma_z = -\sigma_z\sigma_y = i\sigma_x$$
$$\sigma_z\sigma_x = -\sigma_x\sigma_z = i\sigma_y$$

向量的三個分量，人們有時把它稱爲「σ向量」，並寫成 $\boldsymbol{\sigma}$。它其實是一個「矩陣向量」或是「向量矩陣」。它是三個不同的矩陣，x、y、z 每個軸都隨附著一個矩陣。有了這個記號，我們就可以把系統的哈密頓矩陣寫成一個很棒的形式，適用於任何座標：

$$H = -\mu\boldsymbol{\sigma} \cdot \boldsymbol{B} \tag{11.13}$$

雖然我們爲這三個矩陣所選擇的表現方式，恰好讓「上」與「下」沿著 z 軸，所以 σ_z 特別簡單，但我們還是可以找出這些矩陣在其他種表現中是什麼樣子。你只要做一些冗長的代數運算，就可以證明這些矩陣（在不同表現中）的變換，正好與向量的三個分量的行爲一樣。（我們現在不去擔心如何證明這件事，你如果願意，可以去檢驗一下。）你在不同座標中用到 $\boldsymbol{\sigma}$ 的時候，可以把它當成一個向量。

你應該記得在量子力學中，H 與能量有關。事實上，在只有單一個量子狀態的這種簡單情況時，H 正等於能量。即使是對電子自旋的雙態系統來說，當我們寫下(11.13)式這個哈密頓矩陣時，它看起來很像磁矩爲 $\boldsymbol{\mu}$ 的小磁鐵在磁場 $\boldsymbol{B}$ 中的古典能量公式。以**古典**的觀點看，我們會說

$$U = -\boldsymbol{\mu} \cdot \boldsymbol{B} \qquad\qquad (11.14)$$

其中的 $\boldsymbol{\mu}$ 是物體的性質，而 $\boldsymbol{B}$ 是外場。我們可以把(11.14)式轉換成(11.13)式，只要把古典能量換成哈密頓矩陣，同時把古典的 $\boldsymbol{\mu}$ 換成矩陣 $\mu\boldsymbol{\sigma}$；經過這種形式上的替換之後，我們就可以將所得的結果解釋成矩陣方程式。人們有時候會說，每個古典物理中的量都對應到量子力學中的一個矩陣，其實更正確的說法是，哈密頓矩陣對應到能量，而任何可以從能量定義出來的物理量就有個對應的矩陣。

　　舉個例子，磁矩可以從能量來定義，只要我們說磁矩在磁場 $\boldsymbol{B}$ 中的能量是 $-\boldsymbol{\mu} \cdot \boldsymbol{B}$；這就**定義**了磁矩向量 $\boldsymbol{\mu}$。然後我們看一個真實（量子）物體在磁場中的哈密頓矩陣公式，並試著找出對應到古典公式中各種量的矩陣，無論這些矩陣爲何，我們把矩陣與其對應的古典量看成是同樣的東西。就是這個小技巧讓我們能說，**有時候**古典量有其相對應的量子概念。

　　如果你願意，可以試著去瞭解一個古典向量如何會等於矩陣 $\mu\boldsymbol{\sigma}$；而且你可能會發現一些東西，但是不要太想過頭了；我們並不眞的要這樣，它們**並不相等**。量子力學是另外一種用來表現世界的理論，我們只是恰好能找到某些與古典物理量的對應關係，我們可以把它們當成記憶的工具，不必太過引伸它們的意義。換句話說，你在古典物理中學到了(11.14)式，只要你記得對應關係 $\boldsymbol{\mu} \rightarrow \mu\boldsymbol{\sigma}$，就有方法記起(11.13)式來。

　　當然，大自然知道量子力學，古典力學只是近似而已，所以古典力學是量子力學定律的某種影子，並不是太奇怪的事，量子力學定律才是眞正底層的東西。直接從影子去重建出原來的物體是不可能的，但是影子會幫助你記得原來物體的模樣。(11.13)式是眞理，(11.14)式是影子。因爲我們先學習了古典力學，就會想要從它去得

到量子公式，然而並沒有明確的指引，告訴我們究竟應該怎麼做。我們一定得回到真實世界去發現真正的量子力學方程式。如果這些方程式與古典物理的東西看起來相似，只是我們很幸運罷了。

如果你覺得我前面過於反覆的提醒古典物理和量子物理的關係，這些已經很清楚的事情其實不必一再強調，請你原諒這是一個教授的制約反應：平常上他量子力學課的學生在進研究所之前，沒有聽說過包立自旋矩陣，他們似乎永遠希望，量子力學可以用某種方式從古典力學以邏輯推導出來，因為他們先前已經學好了古典力學。（或許他們想避免學新的東西。）你才在幾個月前學到(11.14)式，而且還已經受到警告說，它是有所不足的，所以你或許不會那麼不願意接受量子公式(11.13)是基本真理。

11-2 把自旋矩陣當成算符

既然我們正在討論數學記號的問題，我還想描述**另一種**寫方程式的辦法，因為它很簡潔，所以這種記號相當流行。這個方法直接來自第8章所介紹的記號。如果有個系統處於狀態 $|\psi\rangle$，它會隨時間改變；我們可以就如同(8.34)式那般，寫下系統在 $t + \Delta t$ 時間處於狀態 $|i\rangle$ 的機率幅：

$$\langle i \mid \psi(t + \Delta t)\rangle = \sum_j \langle i \mid U(t, t + \Delta t) \mid j\rangle\langle j \mid \psi(t)\rangle$$

矩陣元素 $\langle i \mid U(t, t + \Delta t) \mid j\rangle$ 是基底狀態 $|j\rangle$ 在時間間隔 Δt 中，變換至基底狀態 $|i\rangle$ 的機率幅。我們用下式**定義** H_{ij}

$$\langle i \mid U(t, t + \Delta t) \mid j\rangle = \delta_{ij} - \frac{i}{\hbar} H_{ij}(t) \Delta t$$

我們也證明了，機率幅 $C_i(t) = \langle i \mid \psi(t)\rangle$ 滿足微分方程式

$$i\hbar \frac{dC_i}{dt} = \sum_j H_{ij} C_j \qquad (11.15)$$

如果把機率幅 C_i 明白的寫出來，(11.15)式就成爲

$$i\hbar \frac{d}{dt} \langle i | \psi \rangle = \sum_j H_{ij} \langle j | \psi \rangle \qquad (11.16)$$

既然矩陣元素 H_{ij} 也是機率幅，我們可以寫成 $\langle i | H | j \rangle$ ；則上面的微分方程式看起來就像這樣：

$$i\hbar \frac{d}{dt} \langle i | \psi \rangle = \sum_j \langle i | H | j \rangle \langle j | \psi \rangle \qquad (11.17)$$

我們知道如果描述物理狀況的是 H，則 $-i/\hbar \langle i | H | j \rangle \, dt$ 是狀態 $| j \rangle$ 在時間 dt 內會「產生」狀態 $| i \rangle$ 的機率幅。（所有這些其實已隱含在 8-4 節的討論內。）

根據 8-2 節的想法，我們可以丟掉(11.17)式中共同的項 $\langle i |$，因爲這個式子對於任何狀態 $| i \rangle$ 都成立，於是我們僅把方程式寫成

$$i\hbar \frac{d}{dt} | \psi \rangle = \sum_j H | j \rangle \langle j | \psi \rangle \qquad (11.18)$$

或是還可以更進一步，把 j 去掉而寫成

$$i\hbar \frac{d}{dt} | \psi \rangle = H | \psi \rangle \qquad (11.19)$$

在第 8 章中我們已指出，如果方程式這樣子寫，則 $H | j \rangle$ 或 $H | \psi \rangle$ 中的 H 就稱爲算符。從現在起，我們會在算符上加個小帽子（^），以便提醒你那是一個算符，並不僅是數字。我們會記爲 $\hat{H} | \psi \rangle$。雖然 (11.18)與(11.19)兩個方程式與(11.17)式或(11.15)式有**完全一樣的意義**，我們可以用不同的方式去**看待**它們。例如說，我們可以這麼描述(11.18)式：「**態向量** $| \psi \rangle$ 的時間微分乘上 $i\hbar$ 等於哈密頓**算符** $\hat{H}$ 作用在每個基底狀態上，再乘上 ψ 在狀態 j 中的機率幅 $\langle j | \psi \rangle$，然

後對所有的 j 累加起來。」或者可以這麼描述(11.19) 式：「狀態 $|\psi\rangle$ 的時間微分（乘上 $i\hbar$）等於哈密頓**算符** $\hat{H}$ 作用在態向量 $|\psi\rangle$ 上。」這只是一種(11.17)式的簡要說明，但是你將會看到這是非常方便的做法。

如果我們願意，還可以更進一步「簡化」。(11.19)式對於**任何狀態** $|\psi\rangle$ 都成立，而且左手邊的 $i\hbar d/dt$ 也是一種算符，它就是「對 t 微分後再乘上 $i\hbar$」的運算。因此(11.19)式可以看成是算符之間的方程式：

$$i\hbar \frac{d}{dt} = \hat{H}$$

哈密頓算符與算符 d/dt 作用於任何狀態上的結果都一樣（除了常數）。請注意，這個方程式以及(11.19)式並**不**是在說 $\hat{H}$ 算符就只等於 d/dt 這個**運算**，這個方程式是一個動力系統的動力學方程式，即運動定律。

為了熟悉這些想法，我們示範另一種得到(11.18)式的方法。你知道，我們可以將任何狀態 $|\psi\rangle$ 寫成在某組基底向量上的投影（見(8.8)式）：

$$|\psi\rangle = \sum_i |i\rangle\langle i|\psi\rangle \tag{11.20}$$

$|\psi\rangle$ 如何隨時間改變？這個嘛，只要取其微分：

$$\frac{d}{dt}|\psi\rangle = \frac{d}{dt}\sum_i |i\rangle\langle i|\psi\rangle \tag{11.21}$$

因為基底狀態 $|i\rangle$ 不會隨時間改變（起碼我們永遠當它是一組固定的狀態），只有機率幅 $\langle i|\psi\rangle$ 是可以變化的數字。所以(11.21)式就變成

$$\frac{d}{dt}\,|\,\psi\,\rangle \,=\, \sum_i \,|\,i\,\rangle \,\frac{d}{dt}\,\langle\,i\,|\,\psi\,\rangle \tag{11.22}$$

既然可以從(11.16)式得到 $d\langle\,i\,|\,\psi\,\rangle/dt$，我們就有

$$\frac{d}{dt}\,|\,\psi\,\rangle \,=\, -\frac{i}{\hbar}\,\sum_i \,|\,i\,\rangle \,\sum_j \,H_{ij}\langle\,j\,|\,\psi\,\rangle$$

$$=\, -\frac{i}{\hbar}\,\sum_{ij} \,|\,i\,\rangle\langle\,i\,|\,H\,|\,j\,\rangle\langle\,j\,|\,\psi\,\rangle \,=\, -\frac{i}{\hbar}\,\sum_j \,H\,|\,j\,\rangle\langle\,j\,|\,\psi\,\rangle$$

這就回到(11.18)式。

　　所以我們有很多種看待哈密頓算符的方法，我們可以把它看成只是一組係數 H_{ij}，或看成是「機率幅」$\langle\,i\,|\,H\,|\,j\,\rangle$，或者是「矩陣」$H_{ij}$，或是「算符」$\hat{H}$；這些的意義都相同。

　　現在回到雙態系統。如果我們用 σ 矩陣來寫哈密頓矩陣（配合上適當的數值係數，如 B_x 等），顯然我們可以把 σ_{ij}^x 看成是機率幅 $\langle\,i\,|\,\sigma_x\,|\,j\,\rangle$，或是更簡單的看成是算符 $\hat{\sigma}_x$。如果採取算符的解釋，狀態 $|\,\psi\,\rangle$ 在磁場中的運動方程式就可以寫成

$$i\hbar\,\frac{d}{dt}\,|\,\psi\,\rangle \,=\, -\mu(B_x\hat{\sigma}_x + B_y\hat{\sigma}_y + B_z\hat{\sigma}_z)\,|\,\psi\,\rangle \tag{11.23}$$

當我們要「用」這個方程式時，通常會以基底向量來表示 $|\,\psi\,\rangle$（就好像我們如果要得到明確的數字，就得把向量的分量找出來）。所以我們通常會把(11.23)式寫成更清楚一點的形式：

$$i\hbar\,\frac{d}{dt}\,|\,\psi\,\rangle \,=\, -\mu\sum_i \,(B_x\hat{\sigma}_x + B_y\hat{\sigma}_y + B_z\hat{\sigma}_z)\,|\,i\,\rangle\langle\,i\,|\,\psi\,\rangle \tag{11.24}$$

　　你現在就可以看出來，為什麼算符的這種講法這麼棒。如果要使用(11.24)式，我們需要知道 $\hat{\sigma}$ 算符如何作用在每個基底狀態上，現在就讓我們把答案找出來。假設我們先來看 $\hat{\sigma}_z\,|\,+\,\rangle$，它是某個向量 $|\,?\,\rangle$，但這向量是什麼？讓我們從左邊乘上 $\langle\,+\,|$，得到

$$\langle + \mid \hat{\sigma}_z \mid + \rangle = \sigma^z_{11} = 1$$

（利用表 11-1 。）所以我們知道

$$\langle + \mid ? \rangle = 1 \qquad\qquad (11.25)$$

再來我們從左邊乘上 $\langle - \mid$，結果是

$$\langle - \mid \hat{\sigma}_z \mid + \rangle = \sigma^z_{21} = 0$$

所以

$$\langle - \mid ? \rangle = 0 \qquad\qquad (11.26)$$

只有一個狀態可以滿足(11.25) 式與(11.26)式，那就是 $\mid + \rangle$。因此，我們發現了

$$\hat{\sigma}_z \mid + \rangle = \mid + \rangle \qquad\qquad (11.27)$$

利用這種方法可以很容易的證明，一切 $\hat{\sigma}$ 矩陣的性質可以用表 11-3 中以算符記號表示的規則來描述。

表 11-3　$\hat{\sigma}$ 算符的性質

$$\hat{\sigma}_z \mid + \rangle = \mid + \rangle$$
$$\hat{\sigma}_z \mid - \rangle = - \mid - \rangle$$
$$\hat{\sigma}_x \mid + \rangle = \mid - \rangle$$
$$\hat{\sigma}_x \mid - \rangle = \mid + \rangle$$
$$\hat{\sigma}_y \mid + \rangle = i \mid - \rangle$$
$$\hat{\sigma}_y \mid - \rangle = -i \mid + \rangle$$

　　如果我們碰到 σ 矩陣的乘積，它們可以轉成 $\hat{\sigma}$ 算符的乘積。當我們把兩個算符乘在一起時，應先執行最右邊算符的運算。例如，$\hat{\sigma}_x\hat{\sigma}_y\,|+\rangle$ 的意思是 $\hat{\sigma}_x(\hat{\sigma}_y\,|+\rangle)$。從表 11-3，我們知道 $\hat{\sigma}_y\,|+\rangle = i\,|-\rangle$，所以

$$\hat{\sigma}_x\hat{\sigma}_y\,|+\rangle = \hat{\sigma}_x(i\,|-\rangle) \tag{11.28}$$

因為我們可以搬動任何數字，例如 i，讓它穿越過算符（算符只會作用在態向量上），所以(11.28)式就等同於

$$\hat{\sigma}_x\hat{\sigma}_y\,|+\rangle = i\hat{\sigma}_x\,|-\rangle = i\,|+\rangle$$

如果用同樣的方法計算 $\hat{\sigma}_x\hat{\sigma}_y\,|-\rangle$，你會發現

$$\hat{\sigma}_x\hat{\sigma}_y\,|-\rangle = -i\,|-\rangle$$

跟表 11-3 相比較，就知道 $\hat{\sigma}_x\hat{\sigma}_y$ 作用到 $|+\rangle$ 或 $|-\rangle$ 上，所得到的狀態等於 $\hat{\sigma}_z$ 作用到 $|+\rangle$ 或 $|-\rangle$ 上之後再乘上 i。因此我們可以說，算符 $\hat{\sigma}_x\hat{\sigma}_y$ 就等於算符 $i\hat{\sigma}_z$，並把這個結果寫成算符方程式：

$$\hat{\sigma}_x\hat{\sigma}_y = i\hat{\sigma}_z \tag{11.29}$$

請注意，這個方程式與表 11-2 的其中一個矩陣方程式相同。因此我們再次看到了矩陣與算符觀點之間的對應。表 11-2 中的每一個方程式都可以看成是 σ 算符的方程式。你可以利用表 11-3 來檢查這些算符方程式。在處理這些事情的時候，最好**不要**去追蹤像 σ 或 H 這些到底是算符或矩陣；無論用何種觀點，所有的方程式都是一樣的，所以表 11-2 對於 σ 算符或 σ 矩陣來說都成立。

11-3 雙態方程式的解

我們現在可以用各種方式來寫雙態方程式，例如像

$$i\hbar \frac{dC_i}{dt} = \sum_j H_{ij}C_j$$

或

$$i\hbar \frac{d|\psi\rangle}{dt} = \hat{H}|\psi\rangle$$

(11.30)

這兩個式子的意義是相同的。對於一個在磁場中的自旋 1/2 粒子來說，哈密頓算符是(11.8)式或(11.13)式。

如果磁場是在 z 方向，我們已經討論過好幾次了，那麼方程式的解就是狀態 $|\psi\rangle$，無論它是什麼，它會繞著 z 軸進動（就好像你拿個實際的物體，讓它繞著 z 軸轉），角速度是磁場乘上 $2\mu/\hbar$。如果磁場是在別的方向，答案當然還是一樣（即繞著磁場轉），因為物理與座標系是無關的。

如果磁場以複雜的方式隨時間改變，我們就可以這麼樣子分析：假設一開始自旋是在 +z 方向，而磁場在 x 方向，自旋就會開始繞著 x 軸進動；如果關掉磁場，自旋也就不再進動；如果再來加上一個 z 方向的磁場，則自旋就繞著 z 軸進動，等等。所以根據磁場如何隨時間變化，你可以得出最後的狀態是什麼，自旋會指向什麼方向。接下來，你就可以利用第 10 章（或第 6 章）的投影公式，以原來相對於 z 軸的 $|+\rangle$ 和 $|-\rangle$ 來表示這個狀態。如果自旋最後指向(θ, ϕ)方向，它就有個「向上機率幅」是 $\cos(\theta/2)\, e^{-i\phi/2}$，有個「向下機率幅」是 $\sin(\theta/2)e^{i\phi/2}$。問題解決了，我們已經用言語來描述微分方程式的解。

剛才描述的解具有足夠的一般性，可以對付**任何雙態系統**。以

氨分子爲例（還包括電場的效應），如果用狀態 $|I\rangle$ 和 $|II\rangle$ 來描述系統，方程式(9.38)式與(9.39)式看起來會是這個樣子：

$$i\hbar \frac{dC_I}{dt} = +AC_I + \mu\varepsilon C_{II}$$

$$i\hbar \frac{dC_{II}}{dt} = -AC_{II} + \mu\varepsilon C_I$$

(11.31)

你會說：「不，我記得還有個 E_0 在裡面。」其實我們已經移動了能量的原點，使得 E_0 等於零。（你永遠可以這麼做，只要讓兩個機率幅都乘上同一個因子($e^{iE_0T/\hbar}$)，就可以去掉任何固定能量。）

如果對應的方程式一定有相同的解，那麼我們就不用做兩次。比較上面的方程式與(11.1)式，會發現以下的對應。讓我們稱 $|I\rangle$ 爲狀態 $|+\rangle$，稱 $|II\rangle$ 爲狀態 $|-\rangle$，這並**不意味著**我們眞的把氨分子在空間中排起來，所以 $|+\rangle$ 和 $|-\rangle$ 與 z 軸有關係；這完全是人爲的，我們有個可稱爲「氨分子代表空間」或其他什麼的人造空間，也就是一個三維「圖」，其中的「上」對應到分子處於狀態 $|I\rangle$，而沿著假 z 軸的「下」對應到分子處於狀態 $|II\rangle$。如此一來，我們就可以這麼看待方程式，首先，哈密頓算符可以用 σ 矩陣來寫成

$$H = +A\sigma_z + \mu\varepsilon\sigma_x$$

(11.32)

或者換句話說，(11.1)式中的 μB_z 對應到(11.32)式中的 $-A$，而 μB_x 對應到 $-\mu\varepsilon$。在我們的「模型」空間中，有個沿著 z 方向的固定磁場。如果有個隨時間變化的電場 ε，那就等於沿著 x 方向有個大小成比例的 B 磁場。**所以，如果有個磁場在 z 方向的分量是固定的，而且沿著 x 方向的分量在振盪，則電子在這種磁場中的行為，就數學而言，正好對應到氨分子在振盪電場中的行為。**我們不幸沒有時間多討論一些這個對應的細節，或是處理技術的細節。我們只

希望講清楚了，所有雙態系統都可以類比成在磁場中進動的自旋 1/2 物體。

11-4　光子的偏振

除了前面的例子之外，還有一些有趣的雙態系統值得討論，下一個我們想討論的新系統是光子。如要描述光子，得先指明它的動量向量。對於自由光子來說，頻率是由動量來決定，所以我們不必再說明頻率為何。

除此之外，光子還有個稱為偏振的性質。想像有個單頻光子面向你而來，光子的頻率是固定的（在以下的討論中，頻率都不會改變，所以我們不去考慮各種動量狀態），那麼它就有兩個偏振方向。在古典物理中，光可以描寫成（例如說）帶有水平方向振盪的電場，或是垂直方向振盪的電場；這兩種光稱為 x 偏振光與 y 偏振光。光的偏振向量也可以沿著別的方向，只要把在 x 方向的場與在 y 方向的場疊加起來就得到了。你也可以讓 x 分量與 y 分量的相位差了 90°，這樣就得到旋轉的電場，這種光是橢圓偏振光。（以上是第 I 卷第 33 章中，古典偏振光理論的大概說明。）

但是假設我們現在只有**一個**光子，就一個，那麼就沒有一般的電場可言了，我們所有的就是**一個光子**。然而光子必須有類似古典偏振的東西，起碼應該有兩種不同的光子。你或許一開始會以為應該有無窮多種光子，畢竟電場向量可以指向各種方向。但是我們可以把光子的偏振現象描述成一個雙態系統：一個光子可以處於狀態 $|x\rangle$ 或狀態 $|y\rangle$。狀態 $|x\rangle$ 所指的是**古典** x 偏振光束中每一個光子的偏振態，相對的，狀態 $|y\rangle$ 所指的是 y 偏振光束中每一個光子的偏振態。我們可以把 $|x\rangle$ 和 $|y\rangle$ 當作是面向你而來（我們稱光子

的前進方向為 z 方向）有固定動量光子的基底狀態。總之，有兩個基底狀態 $|x\rangle$ 和 $|y\rangle$，只要有了這組基底向量，就可以描述任何光子。

　　例如說，我們有一片起偏器（polaroid），它的軸恰好可以讓 x 偏振光通過，而我們送進一個 $|y\rangle$ 狀態的光子，它就會被起偏器吸收。如果送進一個 $|x\rangle$ 狀態的光子，它就可以全身而過。方解石會把一束偏振光分裂成 $|x\rangle$ 束和 $|y\rangle$ 束，功能類似於可以把銀原子束分裂成兩個狀態 $|+\rangle$ 和 $|-\rangle$ 的斯特恩—革拉赫裝置。所以先前我們利用斯特恩—革拉赫裝置來討論與粒子有關的事情，全部可以用方解石再討論一次，只是現在的對象是光子。如果起偏器的角度是 θ，光子過過這樣的濾光片之後會是什麼樣子？它是另一種狀態嗎？是的，它的確**是**另一種狀態。讓我們稱起偏器的軸為 x'，以便和我們基底狀態的軸有所區隔。見圖 11-2 。穿過起偏器後的光

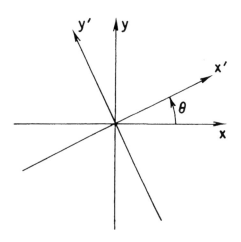

圖 11-2　與光子動量垂直的座標

子會處於 $|x'\rangle$ 狀態。但是任何狀態都可以表示成基底狀態的線性組合，在這裡，組合的公式就是

$$|x'\rangle = \cos\theta\,|x\rangle + \sin\theta\,|y\rangle \qquad (11.33)$$

也就是說，光子如果通過一片角度爲 θ（相對於 x 軸）的起偏器之後，例如用方解石，它仍可以分解成 $|x\rangle$ 束和 $|y\rangle$ 束。或者你可以只是經由想像，將光子分解成 x 分量與 y 分量。無論如何，你會發現，處於 $|x\rangle$ 狀態的機率幅是 $\cos\theta$，處於 $|y\rangle$ 狀態的機率幅是 $\sin\theta$。

我們現在問以下的問題：假設穿過角度 θ 的起偏器之後，光子的偏振是在 x' 方向，然後它進入角度爲零的起偏器，見圖 11-3，會發生什麼事呢？光子通過的機率是多少？答案如下：它通過第一個偏振器之後，的確是處於 $|x'\rangle$ 狀態。第二片起偏器也會讓它通

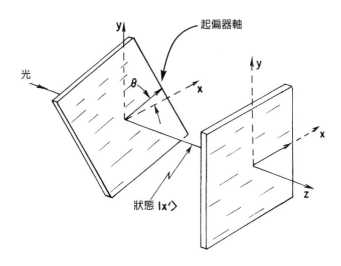

圖 11-3　兩片起偏器，偏振方向的相對角度爲 θ。

過，只要它的狀態是 $|x\rangle$（如果是在 $|y\rangle$ 狀態，就將它吸收了）。所以我們要問光子處於狀態 $|x\rangle$ 的機率是多大？這個機率是機率幅 $\langle x|x'\rangle$ 絕對值的平方（$\langle x|x'\rangle$ 是處於 $|x'\rangle$ 狀態的光子也處於 $|x\rangle$ 狀態的機率幅）。$\langle x|x'\rangle$ 是什麼？只要把(11.33)式從左邊乘上 $\langle x|$ 就得到

$$\langle x\,|\,x'\rangle \;=\; \cos\theta \,\langle x\,|\,x\rangle \;+\; \sin\theta \,\langle x\,|\,y\rangle$$

由於 $\langle x\,|\,y\rangle = 0$，它**一定**是這樣，因為 $|x\rangle$ 和 $|y\rangle$ 是基底狀態，而且 $\langle x\,|\,x\rangle = 1$，所以

$$\langle x\,|\,x'\rangle \;=\; \cos\theta$$

機率就是 $\cos^2\theta$。例如，如果第一片起偏器的角度是 30°，有 3/4 的機率（或時間）光子會通過，有 1/4 的機率光子會被吸收，而讓起偏器發熱。

如果從古典的角度看，以上的問題答案為何？假設一開始的光束所帶的電場是以某種方式振盪，譬如光束是「無偏振」的，那麼在光束通過第一個起偏器之後，電場的振盪方向就是在 x' 方向，大小是 ε；我們可以把電場畫成一個振盪向量，最大值是 ε_0，如圖 11-4 所示。當光束進入第二片起偏器，只有電場的 x 分量 $\varepsilon_0 \cos\theta$ 才得以通過。光的強度正比於電場的平方，也就是 $\varepsilon_0^2 \cos^2\theta$，所以通過第二片起偏器的能量比進入時的能量弱了 $\cos^2\theta$ 倍。

古典觀點和量子觀點都得到了同樣的結果。如果把 100 億個光子丟向第二個起偏器，每個光子通過的機率是譬如說 3/4，則你預期會有 75 億個光子可以通過。同樣的，通過的光子所帶的能量會是原先的 3/4。古典理論並沒有牽涉到什麼機率統計，它只是說通過的能量正好是送入能量的 3/4。對於單一個光子來說，古典觀點

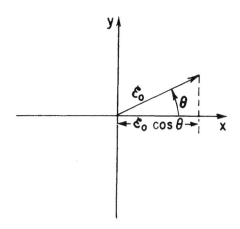

圖 11-4　電場向量 ε 的古典圖像

當然是不可能的事，因為沒有所謂 3/4 個光子這回事，它如果不是**全部**在那裡，就是全部不在。量子力學則說它有 3/4 **的機率全部**在那裡。兩種理論之間的關係是很清楚的。

　　至於其他種類的偏振態則是如何？例如右旋圓偏振（RHC, right-handed circular polarization）？在古典理論中，右旋圓偏振的 x 分量與 y 分量的大小一樣，但是相位角則差了 90°。在量子力學中，右旋圓偏振光子處於 $| x \rangle$ 與 $| y \rangle$ 偏振態上的機率幅相等，但是兩**機率幅**的相位角差了 90°。我們稱 RHC 光子的狀態為 $| R \rangle$，LHC（左旋圓偏振）光子的狀態為 $| L \rangle$（見第 I 卷，33-1 節）

$$| R \rangle = \frac{1}{\sqrt{2}} (| x \rangle + i | y \rangle)$$

$$| L \rangle = \frac{1}{\sqrt{2}} (| x \rangle - i | y \rangle)$$

(11.34)

上式中放進 $1/\sqrt{2}$ 是為了得到歸一化的狀態。有了這些狀態，你就

可以利用量子法則去計算任何的濾光效應或干涉效應。其實你也可以選擇 $|R\rangle$ 跟 $|L\rangle$ 為基底狀態，用它們來表示任何其他的狀態，你只需要先證明 $\langle R \mid L \rangle = 0$，只要把上式與其共軛形式（見(8.13)式）相乘，就可以驗證。你現在就可以把光分解成 x 偏振與 y 偏振，或是 x' 偏振與 y' 偏振，或者左偏振與右偏振。

我們現在把(11.34)式倒過來做為例子：我們能把 $|x\rangle$ 態表示成 $|R\rangle$ 跟 $|L\rangle$ 的線性組合嗎？是的，我們可以：

$$|x\rangle = \frac{1}{\sqrt{2}} (|R\rangle + |L\rangle)$$

$$|y\rangle = -\frac{i}{\sqrt{2}} (|R\rangle - |L\rangle)$$

$$(11.35)$$

證明：把(11.34)中的兩個式子相加與相減，就很容易從一組基底變換到另一組基底。

但我們還是必須指出奇怪的一點。如果光子是右旋圓偏振的，它就不應該和 x 軸與 y 軸有關。因為我們如果從旋轉了一個角度（旋轉軸就是光前進的方向）的座標系統（如 x' 與 y' 座標）來看同樣的東西，光仍舊會是右旋圓偏振光，對於左旋圓偏振光來說也一樣。對於這種座標旋轉而言，右旋與左旋圓偏振光都不會改變，它們的定義與 x 方向的選擇沒有關係（除了光子方向已選定）。這樣不是很好嗎？我們無須用什麼座標軸去定義它，比 x 和 y 好多了。反過來講，當你把右跟左**加**起來，就會發現 x 方向，這難道不是奇蹟嗎？如果「右」與「左」和 x 沒有關係，為什麼當我們把它們加在一起就得回 x？我們只要寫出狀態 $|R'\rangle$ 就可以部分回答這個問題，$|R'\rangle$ 是代表在 x'、y' 座標中一個 RHC 光子的狀態：

$$|R'\rangle = \frac{1}{\sqrt{2}} (|x'\rangle + i|y'\rangle)$$

這個狀態在 x、y 座標中看起來會是什麼樣子？只要把(11.33)式中的 $|x'\rangle$，以及相對應的 $|y'\rangle$，我們先前沒寫下這個式子，但 $|y'\rangle$ 是 $(-\sin\theta)|x\rangle + (\cos\theta)|y\rangle$，一起代入 $|R'\rangle$，就得到

$$|R'\rangle = \frac{1}{\sqrt{2}}\left[\cos\theta\,|x\rangle + \sin\theta\,|y\rangle - i\sin\theta\,|x\rangle + i\cos\theta\,|y\rangle\right]$$

$$= \frac{1}{\sqrt{2}}\left[(\cos\theta - i\sin\theta)\,|x\rangle + i(\cos\theta - i\sin\theta)\,|y\rangle\right]$$

$$= \frac{1}{\sqrt{2}}(|x\rangle + i\,|y\rangle)(\cos\theta - i\sin\theta)$$

上面最後一個等式右側的第一項就是 $|R\rangle$，第二項是 $e^{-i\theta}$，所以

$$|R'\rangle = e^{-i\theta}\,|R\rangle \tag{11.36}$$

除了相位因子 $e^{-i\theta}$，$|R'\rangle$ 和 $|R\rangle$ 是一樣的。如果同樣的把 $|L'\rangle$ 算出來，你會得到*

$$|L'\rangle = e^{+i\theta}\,|L\rangle \tag{11.37}$$

　　你現在知道發生什麼事了：把 $|R\rangle$ 和 $|L\rangle$ 加起來的結果，與把 $|R'\rangle$ 和 $|L'\rangle$ 加起來的結果不一樣。例如，x 偏振光子是 $|R\rangle$ 與 $|L\rangle$ 的和（見(11.35)式），但 y 偏振光子則是 $|R\rangle$ 向後轉 $90°$ 與 $|L\rangle$ 向前轉 $90°$ 的和；這也就是說，y 偏振光子是當 $\theta = 90°$ 時，

---

*原注：這與我們前面（在第6章）發現的自旋 1/2 粒子相似，當我們繞著 z 軸來旋轉座標，我們會得到相位因子 $e^{\pm i\phi/2}$。事實上，它正是我們在 5-7 節寫下的關於自旋 1 粒子的 $|+\rangle$ 和 $|-\rangle$ 狀態，這並非巧合。光子是自旋 1 粒子，然而卻沒有「零」態。

$|R'\rangle$ 與 $|L'\rangle$ 的和。在 x'、y' 座標中的 x' 偏振,與在原來座標中的 y 偏振一樣($\theta = 90°$)。所以,圓偏振光子並非從任何座標看起來都一樣,它的**相位**(右旋與左旋圓偏振態的相位關係)會記錄 x 軸在哪裡。

11-5 中性 K 介子*

我們現在要描述奇異粒子世界中的雙態系統,量子力學在這個系統上得到非常出色的預測。如果要完整描述這個系統,必須牽涉到很多關於奇異粒子的知識,所以我們只好簡略一些。我們只能大致說明某個現象是如何發現的,也就是背後的推理過程。故事開始於葛爾曼(Murray Gell-Mann, 1929-)與西島和彥(Kazuhiko Nishijima)發現了**奇異性**(strangeness)這個概念以及**奇異數守恆律**(law of conservation of strangeness)這新定律:當葛爾曼與派斯(Abraham Pais, 1918-2000)在分析這些新點子的後果時,預測了我們即將討論的不凡現象。我們接下來先告訴你一些關於「奇異性」的事情。

我們必須從核子間所謂的**強交互作用**講起。這種交互作用產生了強核力,這種力與相對較弱的電磁力不同。它們是「強」的,意思是兩個粒子如果彼此靠得夠近,近到能有此作用,則粒子會強烈的交互作用,很容易的產生其他粒子。核子也有所謂的「弱交互作

---

*原注:我們現在覺得這一節的東西有點太長,也太難了,不太適合放在這裡。我們建議你先略過,跳到 11-6 節。如果你很有企圖心,也有時間,或許之後你會想再回到這裡。我們把這一節留在這裡,因為它是很漂亮的例子,說明了我們如何應用雙態系統的量子力學公式。這個例子來自高能物理最近的研究工作。

用」，這種作用能讓某些事件發生，例如 β 衰變，但是這些事件在核時間尺度（nuclear time scale）下總是很慢，弱交互作用比強交互作用弱了好幾個數量級，甚至也弱過電磁交互作用。

當人們用大型加速器研究強交互作用時，很訝異的發現某些「應該」發生（即預期會發生）的事情並沒有發生；例如，某一類粒子在強交互作用中並沒有如預期般的出現。葛爾曼與西島注意到，只要發明一種新的守恆律就可以解釋很多這些奇怪現象，這個守恆律就是**奇異數守恆律**。他們兩人提議賦予每個粒子一種新的屬性，他們稱之爲「奇異數」，同時這個「奇異數」在強交互作用中是守恆的。

假設一個高能量（例如好幾十億電子伏特能量）的負 K 介子與質子相撞，碰撞後很多粒子會跑出來：π 介子、K 介子、Λ 粒子、Σ 粒子等等任何列於第 I 卷表 2-2 的介子與重子。然而我們注意到，只有**某種組合**會出現，其他的則不會。我們早已經知道某些守恆律：首先，能量與動量一定守恆——碰撞前後的總能量與動量必須一樣。其次，電荷會守恆——射出粒子的總電荷必須等於原先粒子的總電荷。在 K 介子與質子相撞的例子中，以下的反應**的確**發生：

$$K^- + p \rightarrow p + K^- + \pi^+ + \pi^- + \pi^0$$

或

$$K^- + p \rightarrow \Sigma^- + \pi^+ \tag{11.38}$$

由於電荷守恆，我們從來不會得到：

$$K^- + p \rightarrow p + K^- + \pi^+ \text{ 或 } K^- + p \rightarrow \Lambda^0 + \pi^+ \tag{11.39}$$

我們也知道**重子數**是守恆的——**出來**的重子數必須等於**進去**的重子數。對於這個定律來說，一個反重子（即重子的**反粒子**）的重子數要算做**負一**。這表示我們可以看到

$$K^- + p \to \Lambda^0 + \pi^0$$

或 $\qquad\qquad\qquad\qquad\qquad\qquad\qquad\qquad$ (11.40)

$$K^- + p \to p + K^- + p + \bar{p}$$

（$\bar{p}$ 是反質子，帶有負電荷。） 我們也的確看到了。但是我們**從未**看過

$$K^- + p \to K^- + \pi^+ + \pi^0$$

或 $\qquad\qquad\qquad\qquad\qquad\qquad\qquad\qquad$ (11.41)

$$K^- + p \to p + K^- + n$$

（即使能量非常充分，）因爲重子數並未守恆。

　　但是這些定律並**不能解釋**，我們爲何從未觀測到以下的反應，它們看起來似乎和(11.38)或(11.40)的反應沒有太大的不同：

$$K^- + p \to p + K^- + K^0$$

或

$$K^- + p \to p + \pi^-$$ $\qquad\qquad\qquad\qquad$ (11.42)

或

$$K^- + p \to \Lambda^0 + K^0$$

上面這些反應沒有發生的原因在於奇異數守恆——每個粒子都有個**奇異數** S，在強交互作用中，**出來**的總奇異數必須等於**進去**的總奇異數。質子與反質子（p、$\bar{p}$），中子和反中子（n、$\bar{n}$），以及 π 介子（π^+、π^0、π^-）的奇異數全部爲**零**；K^+ 與 K^0 介子的奇異數是 +1，K^- 與 $\overline{K}^0$（K^0 的反粒子）★、以及 Λ^0 與 Σ 粒子（Σ^+、Σ^0、Σ^-）的奇異數全是 -1。有一個粒子，Ξ 粒子的奇異數是 -2，說不定還有未發現的粒子也有 -2 的奇異數。我們在表 11-4 列出這些奇異數。

　　我們現在來看一下，前面寫下的交互作用中，奇異數守恆律如

★原注：$\overline{K}^0$ 的英文讀法是「K-naught-bar」或「K-zero-bar」。

表11-4 強交互作用粒子的奇異數

	S			
	-2	-1	0	$+1$
重子	Ξ^0	Σ^+	p	
	Ξ^-	Λ^0, Σ^0	n	
		Σ^-		
介子			π^+	K^+
		$\overline{K}^0$	π^0	K^0
		K^-	π^-	

注意：π^- 是 π^+ 的反粒子，反之亦然。

何派上用場。如果我們從 K^- 介子與質子開始，它們的總奇異數是
$(-1 + 0) = -1$，所以反應後產物的奇異數加起來也必須等於 -1。
對於(11.38)與(11.40)兩個反應來說，這是對的。但是對於(11.42)的
每個反應來說，右側的奇異數都是**零**，所以反應前後的奇異數不相
等，反應不會發生。為什麼會這樣？沒人知道，其他人所瞭解的不
會比我剛才告訴你的更多，自然就是這樣。

我們來看下一個反應：π^- 撞擊一個質子。你也許會得到，例如
說一個 Λ^0 粒子加上一個中性 K 粒子，總共兩個中性粒子。你會得到
哪一種中性 K 粒子？既然 Λ^0 粒子的奇異數為 -1，而 π 與 p 的奇異
數為零，而且這是一個快速的產生反應，奇異數並不會改變，所以
K 粒子的奇異數一定是 +1，它必是 K^0 粒子。這個反應就是

$$\pi^- + p \rightarrow \Lambda^0 + K^0$$

它們的奇異數是

$$S = 0 + 0 = -1 + +1 \quad (守恆)$$

如果產生的是 $\overline{K}^0$ 而不是 K^0，右側的奇異數就會是 -2，這反應就不會發生，因為原先的奇異數是零。反過來說，其他反應可以產生 $\overline{K}^0$，例如

$$n + n \rightarrow n + \overline{p} + \overline{K}^0 + K^+$$
$$S = 0 + 0 = 0 + 0 + -1 + +1$$

或是

$$K^- + p \rightarrow n + \overline{K}^0$$
$$S = -1 + 0 = 0 + -1$$

你或許會想：「這些講法有些玄，因為我們怎麼知道它是 $\overline{K}^0$ 或 K^0？它們看起來一模一樣，是彼此的反粒子，所以質量相同，而且電荷都為零，我們怎麼區分它們？」答案是由**它們**所產生的反應來區分。例如，一個 $\overline{K}^0$ 可以和物質交互作用而產生一個 Λ 粒子，如：

$$\overline{K}^0 + p \rightarrow \Lambda^0 + \pi^+$$

但是 K^0 不能這麼做，當 K^0 和普通物質（質子與中子）交互作用後，絕無法產生 Λ 粒子。★ 所以在實驗上區別 $\overline{K}^0$ 或 K^0 的方法，是其中一個可以產生 Λ 粒子，另一個則不可以。

那麼，奇異數理論的預測之一就是：在高能 π 介子的實驗中，如果產生了一個 Λ 粒子與一個中性 K 粒子，那麼**那個**中性 K 粒子跑進其他物質中絕不會產生 Λ 粒子。這實驗是這樣子的：送一束 π^- 介子進入一個大的氫氣泡室（hydrogen bubble chamber），一個 π^- 徑跡不見了，但在另一個地方出現了一對徑跡（一個質子與一個 π^-），這意味著一個 Λ 粒子蛻變了◆，見圖 11-5。所以你就知道某處有個

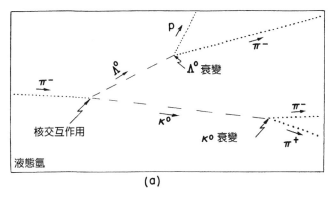

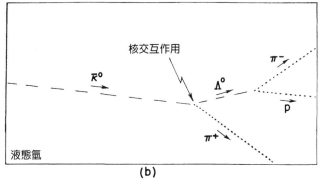

圖 11-5　氫氣泡室中所看到的高能事例。(a) 一個 π^- 介子與氫原子核
　　　　（質子）交互作用，產生 Λ^0 粒子與 K^0 粒子。兩個粒子都在
　　　　氣泡室中衰變。(b) 一個 $\bar{K}^0$ 粒子和質子交互作用產生 π^+ 介子
　　　　與 Λ^0 粒子，Λ^0 然後衰變。（中性粒子沒有留下可見的徑
　　　　跡，圖中虛線代表推論的軌跡。）

★原注：除非**也**同時產生**兩個** K^+，或其他總奇異數為 +2 的幾
　　個粒子。這裡所談的反應，可以想成是能量不足以產生這些
　　額外奇異粒子的反應。

◆原注：自由 Λ 粒子會經由**弱**交互作用緩慢衰變（所以奇異數
　　不必守恆）。衰變產物如果不是一個質子和一個 π^- 介子，就
　　是一個中子和一個 π^0 介子。壽命為 2.2×10^{-10} 秒。

看不到的 K^0。

　　但是你可以利用能量與動量守恆推敲出所發生的事。（K^0 稍後會衰變成兩個帶電粒子，而讓我們知道它的存在，見圖 11-5(a)。）當 K^0 單獨飛著前進時，它可能撞上氫原子核（質子），而（或許）產生出其他粒子。奇異數理論的預測是 K^0 永遠不會在簡單的反應中產生一個 Λ 粒子，如

$$K^0 + p \rightarrow \Lambda^0 + \pi^+$$

只有 $\overline{K}^0$ 可以這麼做。也就是說，在氣泡室中，一個 $\overline{K}^0$ 可以產生圖 11-5(b) 所示的事例，但是 K^0 不能。（Λ^0 會衰變，所以可以推敲出它的存在。）

　　不過奇異數守恆律並**不完美**，奇異粒子可以很慢的衰變，衰變時間很長*，例如 10^{-10} 秒，而奇異數在衰變反應中並**不守恆**；這種反應稱為「弱」衰變。這種反應的例子之一是，K^0 衰變成一對 π 介子（π^+ 與 π^-），壽命約 10^{-10} 秒。事實上，這正是 K 粒子最早被發現的方式。請注意衰變反應

$$K^0 \rightarrow \pi^+ + \pi^-$$

違背了奇異數守恆律，所以它不會是很「快」的強交互作用；它只能是較慢的弱衰變過程。

　　$\overline{K}^0$ 也會以**相同的方式**衰變，衰變成 π^+ 與 π^-，也有一樣的壽命：

$$\overline{K}^0 \rightarrow \pi^- + \pi^+$$

這也是弱衰變，因為奇異數不守恆。有一個原理是說，任何反應都

*原注：一般強交互作用的時間是約 10^{-23} 秒。

有一個和它對應的反應，其中的「物質」都被「反物質」取代，而「反物質」則被「物質」取代。既然 $\overline{K}^0$ 是 K^0 的反粒子，它應該衰變成 π^+ 與 π^- 的反粒子，但 π^+ 的反粒子是 π^-。（如果你喜歡，也可以**反過來想**。其實對於 π 介子來說，無論你把什麼稱爲「物質」都沒有關係。）所以弱衰變的後果之一就是，K^0 與 $\overline{K}^0$ 衰變的產物皆相同。如果從 K^0 與 $\overline{K}^0$ 的衰變來「看」，如同在氣泡室中「看」到的，它們就像是同一個粒子，差別只表現在強交互作用。

有了以上的認知，我們終於可以開始討論葛爾曼與派斯的工作了。他們首先注意到既然 K^0 與 $\overline{K}^0$ 都可以變成兩個 π 介子，那麼一定有個機率幅讓 K^0 可以變成 $\overline{K}^0$，也有一個機率幅讓 $\overline{K}^0$ 可以變成 K^0。如果把這些過程寫成化學反應的樣子，就是

$$K^0 \leftrightarrows \pi^- + \pi^+ \leftrightarrows \overline{K}^0 \tag{11.43}$$

這些反應意味著，每單位時間有某個機率幅，譬如說 $-i/\hbar$ 乘上 $\langle \overline{K}^0 \,|\, W \,|\, K^0 \rangle$，讓 K^0 可以經由弱交互作用變成 $\overline{K}^0$（弱交互作用使得 K 介子衰變成爲兩個 π 介子）；而逆反應也有個相對應的機率幅 $\langle K^0 \,|\, W \,|\, \overline{K}^0 \rangle$。因爲物質與反物質的行爲完全一樣，這兩個機率幅的大小應該相等，讓我們稱它爲 A：

$$\langle \overline{K}^0 \,|\, W \,|\, K^0 \rangle = \langle K^0 \,|\, W \,|\, \overline{K}^0 \rangle = A \tag{11.44}$$

現在，葛爾曼與派斯說，有個有趣的狀況。人們一向把 K^0 與 $\overline{K}^0$ 稱爲兩個相異粒子（世界的狀態），它們其實應該看成是**一個雙態系統**，因爲有個機率幅能讓一個狀態變成另一個狀態。如果要完整的處理問題，我們當然不能只考慮兩個態，因爲還有例如兩個 π 介子的狀態等等；但是因爲他們主要的興趣在於 K^0 與 $\overline{K}^0$ 的關係，所以不必將事情弄得很複雜，可以只取雙態系統這樣的近似情形。

其他狀態的效應**的確**考慮進來了，但僅限於只隱含於(11.44)式機率幅中的那些效應。

所以，葛爾曼與派斯把 K 介子當成雙態系統來分析。（從現在開始，故事的發展就和氨分子的情形很類似。）他們先選擇 $|K^0\rangle$ 與 $|\overline{K}^0\rangle$ 做為兩個基底狀態，則任何中性 K 介子的狀態 $|\psi\rangle$ 都可以用其處於兩個基底狀態的機率幅 C_+ 與 C_- 來描述：

$$C_+ = \langle K^0 | \psi \rangle, \quad C_- = \langle \overline{K}^0 | \psi \rangle \qquad (11.45)$$

下一步就是寫下這雙態系統的哈密頓方程式。如果 K^0 與 $\overline{K}^0$ 之間沒有耦合，則方程式就只是

$$i\hbar \frac{dC_+}{dt} = E_0 C_+$$
$$i\hbar \frac{dC_-}{dt} = E_0 C_- \qquad (11.46)$$

但是既然有個機率幅 $\langle \overline{K}^0 | W | K^0 \rangle$ 能讓 K^0 變成 $\overline{K}^0$，(11.46)式中第一個方程式的右側應該加進一項

$$\langle \overline{K}^0 | W | K^0 \rangle C_- = A C_-$$

同樣的，第二個方程式的右側應該加進一項 $A C_+$。

但光是這樣還不夠，如果把雙 π 介子效應考慮進來，就**額外**還有一項機率幅，讓 K^0 透過以下的過程變成**自己**：

$$K^0 \rightarrow \pi^- + \pi^+ \rightarrow K^0$$

這額外的機率幅寫做 $\langle K^0 | W | K^0 \rangle$，就等於 $\langle \overline{K}^0 | W | K^0 \rangle$，因為對於 K^0 與 $\overline{K}^0$ 來說，變成一對 π 介子的機率幅，與來自一對 π 介子的機率幅是相等的。如果你願意，可以寫出這個證明如下。首先寫下★

$$\langle \overline{K}^0 \mid W \mid K^0 \rangle = \langle \overline{K}^0 \mid W \mid 2\pi \rangle \langle 2\pi \mid W \mid K^0 \rangle$$

以及

$$\langle K^0 \mid W \mid K^0 \rangle = \langle K^0 \mid W \mid 2\pi \rangle \langle 2\pi \mid W \mid K^0 \rangle$$

因為物質與反物質的對稱，我們有

$$\langle 2\pi \mid W \mid K^0 \rangle = \langle 2\pi \mid W \mid \overline{K}^0 \rangle$$

以及

$$\langle K^0 \mid W \mid 2\pi \rangle = \langle \overline{K}^0 \mid W \mid 2\pi \rangle$$

所以 $\langle K^0 \mid W \mid K^0 \rangle = \langle \overline{K}^0 \mid W \mid K^0 \rangle$，同時 $\langle \overline{K}^0 \mid W \mid K^0 \rangle = \langle K^0 \mid W \mid \overline{K}^0 \rangle$（見(11.44)式）。總之，還有兩個額外的機率幅 $\langle K^0 \mid W \mid K^0 \rangle$ 與 $\langle \overline{K}^0 \mid W \mid \overline{K}^0 \rangle$（皆等於 A）可以包括在哈密頓方程式中。第一項額外機率幅 $\langle K^0 \mid W \mid K^0 \rangle$ 使得 dC_+/dt 方程式右側必須加上一項 AC_+，而第二項額外機率幅 $\langle \overline{K}^0 \mid W \mid \overline{K}^0 \rangle$ 讓 dC_-/dt 方程式的右側加上一項 AC_-。利用這樣的論證，葛爾曼與派斯認為 $K^0 \overline{K}^0$ 系統的哈密頓方程式應該是

$$i\hbar \frac{dC_+}{dt} = E_0 C_+ + AC_- + AC_+$$

$$i\hbar \frac{dC_-}{dt} = E_0 C_- + AC_+ + AC_-$$

(11.47)

＊原注：我們這裡做了一些簡化。雙 π 介子系統可以有許多態，對應於 π 介子的不同動量，因此我們應該把方程式右側寫成各種 π 介子基底狀態的總和。這樣的完整處理仍然會導致相同結論。

我們現在必須修正前幾章所講的某些事：像 $\langle K^0 \mid W \mid \overline{K}^0 \rangle$ 與 $\langle \overline{K}^0 \mid W \mid K^0 \rangle$ 的兩個機率幅是彼此的共軛複數，因為兩者是對方的倒置。但是這件事只有在粒子不會衰變時才成立。如果粒子會衰變，也就是會「消失」，則這兩個機率幅不必然是對方的共軛複數。所以(11.44)式這個等式並不意味著機率幅 A 必須是實數，它事實上是複數。因此係數 A 是複數，我們不能將它吸收進能量 E_0 內。

因為我們的英雄已經相當熟悉電子自旋等系統，所以知道哈密頓方程式(11.47)式意味著還有**另外**一組基底狀態，可以用來代表 K 粒子系統，並且有特別簡單的性質。他們說：「讓我們把這兩方程式相加與相減，還有讓我們以 E_0 為能量的基準點，並使用適當的能量與時間單位使得 $\hbar = 1$。」（今天的理論物理學家都這麼做，自然單位並沒有改變物理，但是方程式會比較簡單。）他們的結果就是

$$
\begin{aligned}
i\,\frac{d}{dt}\,(C_+ + C_-) &= 2A(C_+ + C_-) \\
i\,\frac{d}{dt}\,(C_+ - C_-) &= 0
\end{aligned}
\tag{11.48}
$$

很明顯的，$(C_+ + C_-)$ 與 $(C_+ - C_-)$ 兩種機率幅組合是相互獨立的（當然，它們對應到以前談過的定態），所以他們的結論是，用另一組基底狀態來研究 K 粒子更方便：他們定義了兩個狀態

$$
\begin{aligned}
\mid K_1 \rangle &= \frac{1}{\sqrt{2}}\,(\mid K^0 \rangle + \mid \overline{K}^0 \rangle) \\
\mid K_2 \rangle &= \frac{1}{\sqrt{2}}\,(\mid K^0 \rangle - \mid \overline{K}^0 \rangle)
\end{aligned}
\tag{11.49}
$$

他們說除了 K^0 與 $\overline{K}^0$ 介子之外，我們也可以拿兩個「粒子」（也就是「狀態」）K_1 與 K_2 來做為討論的基礎。（K_1 與 K_2 當然是對應到

我們通常稱爲 $|I\rangle$ 與 $|II\rangle$ 的狀態。我們沒有沿用舊的記號，原因是我們現在想使用葛爾曼與派斯原來的記號，這是你在物理討論會中看到的記號。）

葛爾曼與派斯當然不是爲了賦予粒子新名字才花這些功夫，裡頭也有些奇怪的新物理。假設 C_1 與 C_2 爲某個狀態 $|\psi\rangle$ 會是 K_1 或 K_2 介子的機率幅：

$$C_1 = \langle K_1 | \psi \rangle, \qquad C_2 = \langle K_2 | \psi \rangle$$

從(11.49)式可得

$$C_1 = \frac{1}{\sqrt{2}} (C_+ + C_-), \qquad C_2 = \frac{1}{\sqrt{2}} (C_+ - C_-) \tag{11.50}$$

則(11.48)式就變成

$$i \frac{dC_1}{dt} = 2AC_1, \qquad i \frac{dC_2}{dt} = 0 \tag{11.51}$$

它們的解爲

$$C_1(t) = C_1(0)e^{-i2At}, \qquad C_2(t) = C_2(0) \tag{11.52}$$

上面的 $C_1(0)$ 與 $C_2(0)$ 當然是時間 $t = 0$ 時的機率幅。

這些方程式的意思是，如果有一個中性 K 粒子最初（$t = 0$）是在狀態 $|K_1\rangle$（那麼 $C_1(0) = 1$，$C_2(0) = 0$），則在時間 t 的機率幅爲

$$C_1(t) = e^{-i2At}, \qquad C_2(t) = 0$$

前面說過 A 是複數，爲了方便我們把 A 寫成 $\alpha - i\beta$。（因爲我們以後會發現，$2A$ 的虛部是負值，所以就直接把它寫成**負** $i\beta$。）將 A 代入 $C_1(t)$ 就得到

$$C_1(t) = C_1(0)e^{-\beta t}e^{-i\alpha t} \tag{11.53}$$

在時間 t 發現一個 K_1 粒子的機率,是這個機率幅絕對值的平方,也就是 $e^{-2\beta t}$;同時由於 $C_2(t) = 0$,所以在任何時間發現 K_2 粒子的機率是零。這一切意味著,如果產生了一個在 $|K_1\rangle$ 狀態的 K 粒子,以後發現它處於同樣狀態的機率會隨時間以指數函數下降,而且你永遠不會發現它是在 $|K_2\rangle$ 狀態。K 粒子跑到哪裡去了?它會衰變成兩個 π 介子,平均壽命是 $\tau = 1/2\beta$,從實驗可知約是 10^{-10} 秒。當我們說 A 是複數時,已經預期了 K 粒子的壽命有限。

從另一方面看,(11.52)式說,如果 K 粒子一開始是在 $|K_2\rangle$ 狀態,它會一直保持那樣。但這卻不是真的,我們已觀測到它會衰變成**三個** π 介子,速率要比雙 π 介子衰變慢上六百倍。所以,我們的近似其實忽略了一些小效應。但是如果我們只關心雙 π 介子的衰變,K_2 的確是「永恆」的。

現在繼續葛爾曼與派斯的故事。他們進一步考慮,如果在一**強**交互作用中產生了一個 K 粒子**與一個** Λ^0 **粒子**,接下來 K 粒子會如何?因為 Λ^0 粒子的奇異數為 -1,K 粒子的奇異數一定是 $+1$,它必然是處於 K^0 狀態。所以在 $t = 0$,K 粒子既不是 K_1,也不是 K_2,而是其**混合**。既然初始條件是

$$C_+(0) = 1, \quad C_-(0) = 0$$

我們從(11.52)與(11.53)式得到

$$C_1(0) = \frac{1}{\sqrt{2}}, \quad C_2(0) = \frac{1}{\sqrt{2}}$$

再從(11.52)與(11.53)式可知

$$C_1(t) = \frac{1}{\sqrt{2}}\, e^{-\beta t} e^{-i\alpha t}, \qquad C_2(t) = \frac{1}{\sqrt{2}} \tag{11.54}$$

你還記得 K_1 與 K_2 是 K^0 與 $\overline{K}^0$ 的線性組合：在(11.54)式中，我們選擇在 $t = 0$ 讓 $\overline{K}^0$ 的部分完全因干涉而相消，只留下 K^0 狀態。但是，$|K_1\rangle$ 狀態會**隨時間改變**，而 $|K_2\rangle$ 狀態**不會**，所以在 $t = 0$ 之後，C_1 和 C_2 的干涉會導致處於 K^0 與 $\overline{K}^0$ 的（不爲零）機率幅。

　　這到底是怎麼一回事？讓我們回頭看圖 11-5 的實驗。一個 π^- 介子產生了一個 Λ^0 粒子與一個 K^0 介子，這 K^0 介子一路走過氫氣泡室，它有一個很小但均勻的機率會撞上氫原子核。我們最初可能以爲奇異數守恆律會禁止 K 粒子在這種碰撞中產生 Λ^0 粒子，但我們現在已經知道這是不對的：雖然 K 粒子**一開始**是 K^0，這狀態的確不能產生 Λ^0，但是它不會**維持**在這狀態；過了一會兒，就**有些機率幅**會讓它變到 $\overline{K}^0$ 狀態。所以我們有時會看到在 K 粒子徑跡上產生一個 Λ^0。發生這種事的機率取決於機率幅 C_-，它和 C_1 與 C_2 的關係可以從(11.50)式推導出來，這個關係是

$$C_- = \frac{1}{\sqrt{2}}\,(C_1 - C_2) = \tfrac{1}{2}(e^{-\beta t} e^{-i\alpha t} - 1) \tag{11.55}$$

當 K 粒子前進時，它會「表現得像」$\overline{K}^0$ 粒子的機率是 $|C_-|^2$，也就是

$$|C_-|^2 = \tfrac{1}{4}(1 + e^{-2\beta t} - 2e^{-\beta t}\cos\alpha t) \tag{11.56}$$

一個既複雜又奇怪的結果！

　　這正是葛爾曼與派斯很了不起的預測：如果碰撞過程產生了 K^0，它會轉變成 $\overline{K}^0$ 的機率會依據(11.56)式隨時間改變，K^0 轉變成

$\overline{K}^0$ 的現象可以從產生 Λ^0 粒子來驗證。這項預測來自純邏輯推理與量子力學原理,我們無須知道 K 粒子的內部結構。既然沒有人知道任何有關內部機制的事,葛爾曼與派斯就只能做到這個地步,他們無法從理論上預測出 α 與 β 的值。直到今天,還是沒有人能做到這一點。他們可以從實驗上觀測到的(衰變至兩個 π 介子的)衰變率求出 β 值($2\beta = 10^{10}$ 秒$^{-1}$),但是他們對於 α 值卻一無所知。

我們用兩種 α 值把(11.56)式的函數圖畫於圖 11-6,你可以看出它的形式和 α 與 β 的比值密切相關。最初沒有 $\overline{K}^0$ 的機率,它然後漸漸上升。如果 α 值大,機率就有大的振盪。如果 α 值小,機率就只有一點或沒有振盪—機率只會平滑地上升到 1/4。

一般而言,K 粒子會以接近光速的固定速度前進,因此圖 11-6 的曲線也代表沿著 K 粒子徑跡觀察到 $\overline{K}^0$ 的機率,通常的距離是幾公分。你現在可以瞭解為什麼這項預測是那麼奇特:你造出一個粒子,它並不馬上衰變,而是做了別的事情;有時候它衰變,其他時候它會變成另一種粒子;當它前進時,產生這種效應的機率會以奇怪的方式改變。我們以前從來沒看過這種自然現象,而且葛爾曼與派斯只利用了與機率幅干涉有關的推論,就得到了這個極為不凡的預測。

如果有任何系統,我們可以最單純的檢驗量子力學的主要原理——機率幅疊加原理究竟成不成立?K 粒子正是這樣的系統。雖然這個效應已經預測了好幾年,至今還沒有很清楚的實驗可判定真假。有一些初步的結果指出 α 不是零,而且這個效應真的發生,α 應在 2β 與 4β 之間。實驗上就是這樣子了。如果能夠精準的檢驗預測曲線,以便瞭解疊加原理是否在奇異粒子的神祕世界也依舊適用,那就太漂亮了,雖然衰變的理由不清楚,奇異性的道理也不知道。

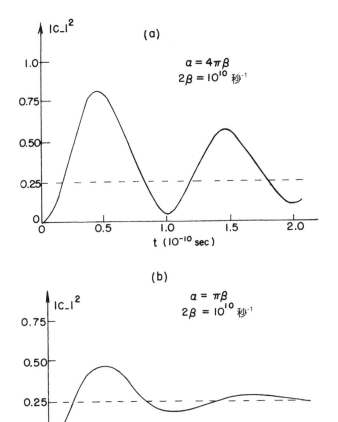

圖11-6 (11-56)式的函數圖形：(a) $\alpha = \pi\beta$，(b) $\alpha = 4\pi\beta$（$2\beta = 10^{10}$秒）

我們所描述的分析是相當典型的，現在利用量子力學來瞭解奇異粒子的研究大約就是這樣。所有你可能聽到的複雜理論，其實和我們這種利用量子力學疊加原理以及同層級的其他原理的簡單推論，在本質上一模一樣。有些人宣稱，他們的理論可以計算出 β 與

α，或是起碼可以從 β 去算出 α，但這些理論是完全沒用的理論。例如，那些可以從 β 算出 α 的理論所預測的 α 是無窮大。他們一開始所用的那組方程式牽涉到兩個 π 介子，以及從兩個 π 介子回到一個 K^0 等等。當一切都算完了，的確出現一對類似我們在這裡使用的方程式；因爲兩個 π 介子有無窮多種狀態，依它們的動量而定，把這無窮多種可能性都積分起來，就得到無窮大的 α。但是自然的 α**不**是無窮大。所以動力學理論錯了！奇異粒子的世界中，**居然還**有現象讓我們以你目前正在學習的這種層次的量子力學原理去預測，這眞是太奇妙了！

11-6　推廣至 N 態系統

我們已經談完了所有想討論的雙態系統。在下幾章，我們會繼續研究有更多狀態的系統。把用於雙態系統的點子推廣至 N 態系統其實相當單純，它大約是這樣子的：

如果一個系統有 N 個不同狀態，我們可以就把任何狀態 $|\,\psi\,\rangle$ 表示成任何一組基底狀態 $|\,i\,\rangle$（$i = 1$、2、3、$\cdots\cdots$、N）的線性組合：

$$| \psi(t) \rangle = \sum_{\text{all } i} | i \rangle C_i(t) \qquad (11.57)$$

係數 $C_i(t)$ 是機率幅 $\langle\, i \mid \psi(t)\,\rangle$，它的行爲受控於以下的方程式

$$i\hbar \frac{dC_i(t)}{dt} = \sum_j H_{ij} C_j \qquad (11.58)$$

其中的能量矩陣 H_{ij} 描述了問題中的物理，它看起來和雙態系統一樣，只是 i 跟 j 兩者現在一定要涵蓋所有 N 個基底狀態，而能量矩陣 H_{ij}，或者說哈密頓矩陣是個 N 乘 N 的矩陣，有 N^2 個數字。和以

前一樣，只要粒子是守恆的，$H_{ij}{}^* = H_{ji}$，同時對角元素 H_{ii} 是實數。

對於雙態系統來說，如果能量矩陣是常數（與時間 t 無關），我們已經找到了係數 C 的一般解。如果能量矩陣是常數，要解 N 態系統的方程式(11.58)也並不困難。和以前一樣，我們一開始先找特殊解，其中各個係數隨時間變化的情形完全相同，所以我們嘗試

$$C_i = a_i e^{-(i/\hbar)Et} \tag{11.59}$$

當我們把這些係數代入(11.58)式，微分項 $dC_i(t)/dt$ 就變成 $(-i/\hbar)EC_i$。把等號兩邊相同的指數函數因子消掉，就得到

$$Ea_i = \sum_j H_{ij}a_j \tag{11.60}$$

這是一組 N 個線性代數方程式，有 N 個未知數 a_1、a_2、……、a_n，所以我們可以找到一個解，如果你很幸運，只要所有 a 的係數的行列式爲零。但是事情其實不必那麼複雜；你可以用任何方法去解這些方程式，而你會發現只有當 E 是某些特定值的時候，這些方程式才有解。（請注意 E 是方程式中唯一可調的參數。）

如果你要將事情講得明白一些，就把(11.60)式寫成

$$\sum_j (H_{ij} - \delta_{ij}E)a_j = 0 \tag{11.61}$$

如此一來，你就可以使用規則（如果你知道的話）：E 的值必須滿足條件

$$\text{Det } (H_{ij} - \delta_{ij}E) = 0 \tag{11.62}$$

方程式(11.61)才會有解。行列式的每一項只是 H_{ij}，除了每個對角元素都得減掉 E。因此，(11.62) 式的意思就只是

$$\text{Det} \begin{pmatrix} H_{11} - E & H_{12} & H_{13} & \cdots \\ H_{21} & H_{22} - E & H_{23} & \cdots \\ H_{31} & H_{32} & H_{33} - E & \cdots \\ \cdots & \cdots & \cdots & \cdots \end{pmatrix} = 0 \quad (11.63)$$

上式僅是一種特別的寫法，用來表達 E 必須滿足的代數方程式，這個方程式的每一項是一些 H_{ij} 與 E 的某一冪次的乘積，所有 E 的冪次從 E、E^2、……一直到 E^N 都會出現。

　　所以有個 N 階的多項式等於零，通常而言，這多項式有 N 個根。（然而我們必須記得，有些根是重根，即有兩個或多個根相等。）我們稱這 N 個根

$$E_I, E_{II}, E_{III}, \ldots, E_n, \ldots, E_N \quad (11.64)$$

　　（我們用 $\mathbf{n}$ 來代表第 n 個羅馬數字，所以 $\mathbf{n}$ 的範圍是從 I 到 N。）其中某些能量可能相等，例如 $E_{II} = E_{III}$，但我們還是用不同的名字稱呼它們。

　　對於每一個 E，方程式(11.60)或(11.61)都有一個解。如果把任何一個 E，例如 E_n 代進(11.60)，並且解出 a_i，你就獲得對應到能量 E_n 的一組係數，我們稱爲 $a_i(\mathbf{n})$。

　　將這些 $a_i(\mathbf{n})$ 代入(11.59)式，就得到第 n 個固定能量狀態處於基底狀態 $|i\rangle$ 的機率幅 $C_i(\mathbf{n})$。如果令 $|\mathbf{n}\rangle$ 代表固定能量狀態在 $t = 0$ 的態向量，則

$$C_i(\mathbf{n}) = \langle i \mid \mathbf{n} \rangle e^{-(i/\hbar)E_n t}$$

其中

$$\langle i \mid \mathbf{n} \rangle = a_i(\mathbf{n}) \tag{11.65}$$

那麼固定能量狀態 $\mid \psi_\mathbf{n}(t) \rangle$ 就可以寫成

$$\mid \psi_\mathbf{n}(t) \rangle = \sum_i \mid i \rangle a_i(\mathbf{n}) e^{-(i/\hbar)E_\mathbf{n}t}$$

或是

$$\mid \psi_\mathbf{n}(t) \rangle = \mid \mathbf{n} \rangle e^{-(i/\hbar)E_\mathbf{n}t} \tag{11.66}$$

這些態向量 $\mid \mathbf{n} \rangle$ 描述固定能量狀態的型態，但是不包括時間相依因子。所以它們是固定向量，可以當做一組新的基底向量，只要我們願意。

每一個狀態 $\mid \mathbf{n} \rangle$ 都有個很容易證明的性質——當哈密頓算符 $\hat{H}$ 作用在這狀態上時，就得到同一狀態乘上 $E_\mathbf{n}$：

$$\hat{H} \mid n \rangle = E_\mathbf{n} \mid n \rangle \tag{11.67}$$

所以能量 $E_\mathbf{n}$ 就是哈密頓算符 $\hat{H}$ 的一個特徵。我們已經知道一般而言，哈密頓算符會有好幾個特徵能量。數學家稱這些能量為矩陣 H_{ij} 的「特徵值」（characteristic value），物理學家則稱它們為 $\hat{H}$ 的「本徵值」（eigenvalue）。每個 $\hat{H}$ 的本徵值，換句話說就是，每個能量都有個固定能量狀態與其對應，這些狀態就稱為「定態」。物理學家通常稱呼狀態 $\mid \mathbf{n} \rangle$ 為「$\hat{H}$ 的本徵態」。每個本徵態（eigenstate）都對應到一個特定的本徵值 $E_\mathbf{n}$。

狀態 $\mid \mathbf{n} \rangle$ 共有 N 個，通常來說，它們也可以當做一組基底向量。如果要這麼做，所有的狀態都必須是正交的，意思是其中任何兩個，例如 $\mid \mathbf{n} \rangle$ 和 $\mid \mathbf{m} \rangle$，都有

$$\langle \mathbf{n} \mid \mathbf{m} \rangle = 0 \tag{11.68}$$

如果能量都相異，上面這個條件就自動成立。我們也可以對所有的 $a_i(\mathbf{n})$ 都乘上一個適當的因子，以便讓所有的狀態都滿足歸一化條件，也就是對於所有的 $\mathbf{n}$ 來說，

$$\langle \mathbf{n} \mid \mathbf{n} \rangle = 1 \tag{11.69}$$

如果(11.63)恰好有兩個（或多個）根有相同的能量，我們就有一些小麻煩。首先，仍有兩組不同的 a_i 對應到兩個相同的能量，但是它們所對應的狀態也許不會正交。假設你透過正規的步驟找到了兩個有同樣能量的定態，稱它們為 $|\mu\rangle$ 和 $|v\rangle$，它們不一定是正交的；如果你運氣不好，

$$\langle \mu \mid v \rangle \neq 0$$

但你卻一定可以造出兩個新的狀態，稱它們為 $|\mu'\rangle$ 和 $|v'\rangle$，它們帶有相同的能量，但又相互正交，使得

$$\langle \mu' \mid v' \rangle = 0 \tag{11.70}$$

這兩個新的狀態 $|\mu'\rangle$ 和 $|v'\rangle$ 是 $|\mu\rangle$ 和 $|v\rangle$ 的線性組合，係數要選得恰到好，以便讓(11.70)式成立。這麼做很方便，所以通常我們會假設這些正交的狀態已經造好了，因此以後我們可以假設所選用的定態 $|\mathbf{n}\rangle$ 全是正交的。

　　為了好玩，我們想證明，如果兩個定態有不同的能量，它們的確就是正交的。我們知道定態 $|\mathbf{n}\rangle$ 是 $\hat{H}$ 的本徵態，本徵值為 $E_\mathbf{n}$：

$$\hat{H} \mid \mathbf{n} \rangle = E_\mathbf{n} \mid \mathbf{n} \rangle \tag{11.71}$$

這個算符方程式代表了一個數字間的關係。這個關係（方程式）就是

$$\sum_j \langle i \mid \hat{H} \mid j \rangle \langle j \mid \mathbf{n} \rangle = E_{\mathbf{n}} \langle i \mid \mathbf{n} \rangle \tag{11.72}$$

如果將上式中的每個數轉成它的共軛複數，就得到

$$\sum_j \langle i \mid \hat{H} \mid j \rangle^* \langle j \mid \mathbf{n} \rangle^* = E_{\mathbf{n}}^* \langle i \mid \mathbf{n} \rangle^* \tag{11.73}$$

因為一個機率幅的共軛複數等於逆過程的機率幅，所以(11.73)式可以寫成

$$\sum_j \langle \mathbf{n} \mid j \rangle \langle j \mid \hat{H} \mid i \rangle = E_{\mathbf{n}}^* \langle \mathbf{n} \mid i \rangle \tag{11.74}$$

既然這個方程式對於**任何** i 都成立，它就可以簡寫為

$$\langle \mathbf{n} \mid \hat{H} = E_{\mathbf{n}}^* \langle \mathbf{n} \mid \tag{11.75}$$

我們稱(11.75)式為(11.74)式的**伴隨**（adjoint）。

　　現在我們要證明 $E_{\mathbf{n}}$ 是實數很容易：我們將(11.71)式從左邊乘上 $\langle \mathbf{n} \mid$，就得到

$$\langle \mathbf{n} \mid \hat{H} \mid \mathbf{n} \rangle = E_{\mathbf{n}} \tag{11.76}$$

因為 $\langle \mathbf{n} \mid \mathbf{n} \rangle = 1$。然後對(11.75)式從右邊乘上 $\mid \mathbf{n} \rangle$，得到

$$\langle \mathbf{n} \mid \hat{H} \mid \mathbf{n} \rangle = E_{\mathbf{n}}^* \tag{11.77}$$

比較(11.76)與(11.77)，就知道

$$E_{\mathbf{n}} = E_{\mathbf{n}}^* \tag{11.78}$$

這表示 $E_{\mathbf{n}}$ 是實數。我們可以去掉(11.75)式中 $E_{\mathbf{n}}$ 上面的星號。

　　我們終於可以證明，不同能量的定態是正交的。令 $|\mathbf{n}\rangle$ 和 $|\mathbf{m}\rangle$ 爲任何兩個固定能量的基底狀態。把(11.75)式用於狀態 $\mathbf{m}$，然後乘上 $|\mathbf{n}\rangle$，就有

$$\langle \mathbf{m} |\hat{H}| \mathbf{n}\rangle = E_{\mathbf{m}}\langle \mathbf{m} | \mathbf{n}\rangle$$

但是，我們如果把(11.71)式乘上 $\langle \mathbf{m} |$，就有

$$\langle \mathbf{m} |\hat{H}| \mathbf{n}\rangle = E_{\mathbf{n}}\langle \mathbf{m} | \mathbf{n}\rangle$$

既然這兩個式子的左邊相等，所以右邊也會相等：

$$E_{\mathbf{m}}\langle \mathbf{m} | \mathbf{n}\rangle = E_{\mathbf{n}}\langle \mathbf{m} | \mathbf{n}\rangle \tag{11.79}$$

如果 $E_{\mathbf{m}} = E_{\mathbf{n}}$，這方程式自然成立。如果 $|\mathbf{m}\rangle$ 和 $|\mathbf{n}\rangle$ 的能量**不一樣**（$E_{\mathbf{m}} \neq E_{\mathbf{n}}$），(11.79)式告訴我們 $\langle \mathbf{m} | \mathbf{n}\rangle$ 必須是零。得證。只要 $E_{\mathbf{m}}$ 和 $E_{\mathbf{n}}$ 在數值上不一樣，這兩個狀態就必須正交。

第12章

氫原子超精細分裂

12-1　兩個自旋 1/2 粒子系統的基底狀態

我們在這一章要討論氫原子的「超精細分裂」(hyperfine splitting)，因為這是一個實際又有趣的例子，可以顯現量子力學的用處。在這個例子中，狀態的數目超過兩個，可以示範量子力學方法如何應用於較複雜的情況。這個例子剛好夠複雜，所以一旦你瞭解了怎麼處理這個問題，馬上能推廣到所有的問題。

你知道，氫原子是由電子環繞在質子周圍而組成的系統，電子可以處於任何的能量狀態之一，這些定態的能量是離散的，其中電子的運動圖樣各不相同。例如，第一激發態的能量比基態的能量多 3/4 芮得柏能量，也就是約十電子伏特。不過即使所謂的基態，也不真的是單一的能態，因為電子和質子還有自旋的自由度。這些自旋造成了能階中的「超精細結構」，使得所有的能階還進一步分裂成好幾個能量幾乎相等的能階。

電子的自旋可以是向「上」或向「下」，同時質子**自己**的自旋也可以是向「上」或向「下」。所以，原子的每個動力學狀況都有**四種**可能的自旋狀態，也就是說，當人們提到氫原子的「基態」時，其實指的是「四個基態」，而不僅是最低能態。這四個自旋狀態的能量不完全一樣，它們的能量與如果沒有自旋時的能量只差一點點；這些能量的差距，比前面提到的十電子伏特要小得非常非常多。因此，每個動力學態會分裂成能量差距很小的一組狀態，這就稱為**超精細分裂**。

我們要在這一章計算四個自旋狀態之間的能量差。超精細分裂來自電子與質子磁矩的交互作用，所以每個自旋狀態都有稍微不同的磁能。這些能量差只有約十萬分之一電子伏特，真的比十電子伏

特小很多！正因為這兩個能量尺度差很多，我們才能把氫原子的基態想成為「四態」系統，而不去擔心其實還有很多較高能量的狀態。我們在這裡只討論氫原子基態的超精細結構。

就我們的目的而言，我們不關心如電子與質子的**位置**這類細節，因為原子已經「知道這些」，它已經知道了才會進入基態。我們只需要知道電子與質子以某種明確的空間關係依附在對方旁邊。除此之外，它們還有各種不同的相對自旋取向。我們目前只關心這些自旋的效應。

我們必須回答的第一個問題是：系統的那一組**基底狀態**是什麼？這個問題其實問得不正確，因為根本沒有所謂的「**那一組**」基底狀態，你總有很多組基底狀態可以選擇；新一組的基底狀態一定可以從舊的組合出來，一定有很多組基底狀態可以選，任何一種都一樣可以用。所以問題不在於什麼是**那**一組基底，而是什麼**可以**做為一組基底？通常一開始最好用**物理意義**最清楚的一組基底，這組基底不一定是什麼問題的解，也不一定有什麼**直接**的重要性，但是它通常讓我們比較容易理解到底發生了什麼事。

我們選擇以下四個基底狀態：

狀態 *1*：電子和質子的自旋都向「上」
狀態 *2*：電子自旋向「上」，且質子自旋向「下」
狀態 *3*：電子自旋向「下」，且質子自旋向「上」
狀態 *4*：電子和質子的自旋都向「下」

我們需要方便的記號來代表這四個狀態，所以我們就使用：

狀態 *1* ：∣＋ ＋〉：電子自旋向**上**，質子自旋向**上**

狀態 *2* ：∣＋ －〉：電子自旋向**上**，質子自旋向**下**

狀態 *3* ：∣－ ＋〉：電子自旋向**下**，質子自旋向**上**

狀態 *4* ：∣－ －〉：電子自旋向**下**，質子自旋向**下**

(12.1)

你必須記得**第一個**正號或負號所指的是電子，**第二個**所指的則是質子。爲了方便，我們也把這些記號整理於圖 12-1。有時候稱這些狀

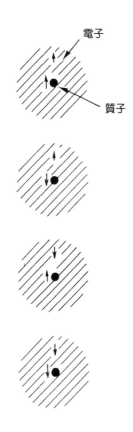

圖 12-1　一組描述氫原子基態的基底狀態

態爲 $|1\rangle$、$|2\rangle$、$|3\rangle$、$|4\rangle$ 也很方便。

　　你或許會說：「但這些粒子會交互作用，所以它們或許不是正確的基底狀態，看起來你好像只是在考慮兩個獨立的粒子。」沒錯，的確如此！交互作用會引出下面的問題：什麼是系統的**哈密頓算符**？但是如何**描述**系統的問題不會牽涉到交互作用，我們選擇什麼樣的基底和下一刻會發生什麼事沒有關係。原子或許不會**停留**在這組基底狀態其中之一，即便它一開始就是在那個狀態，但那是另一個問題。這問題就是：在某一組特殊（固定）的基底中，機率幅如何隨時間變化？當我們在選擇基底狀態的時候，我們只是在選擇描述所用的「單位向量」。

　　既然談到這個問題，我們就來看一下當粒子數大於一的時候，一般如何尋找一組基底狀態。你知道什麼是單一粒子的基底狀態。例如一個電子在眞實生活中，並不是簡化了的情況，而是眞實的情形，這個電子可以完全由位於底下每個狀態的機率幅來描述：

$$|電子自旋向「上」帶有動量 p\rangle$$

或

$$|電子自旋向「下」帶有動量 p\rangle$$

它們其實是兩組無窮多的狀態，每一個動量 p 有一個對應的態。換句話說，電子的狀態可以用所有的機率幅

$$\langle +,p\,|\,\psi\rangle \ 與 \ \langle -,p\,|\,\psi\rangle$$

來完整描述，這裡的 + 與-代表角動量沿著某個軸（通常是 z 軸）的分量，而 p 是動量向量。所以對於每個可能的動量（有多重無窮多個狀態的一組基底）來說，必定有兩個機率幅。描述一個粒子就只

需要這樣。

如果有兩個或更多的粒子，可以用類似的方式來寫基底狀態。舉個例子，假設有一個電子與一個質子處在比剛才所考慮的還要更複雜的狀況中，則基底狀態可以是以下的模樣：

|一個電子自旋向「上」帶有動量p_1，

　　　　　　　　同時一個質子自旋向「下」帶有動量p_2⟩

以及其他自旋組合狀態等等。如果粒子數目大於二，也是利用類似的做法。所以，寫下**可能的**基底狀態眞的是非常容易的事，唯一的問題是，什麼是哈密頓算符？

因爲我們只是研究氫原子的基態（最低能態），所以不需要最完備（有各種動量）的基底狀態。當我們說「基態」的時候，已經指明了質子和電子帶有某些特定的動量。我們可以算出組態的細節，也就是所有動量基底狀態的機率幅，但那是另一個問題了。我們現在只關心自旋的效應，因此我們可以只用(12.1)的四個基底狀態。下一個問題是：什麼是這一組基底狀態的哈密頓算符？

12-2　氫原子基態的哈密頓算符

我們待會兒就告訴你答案。但是首先，我們得提醒你一件事：**任何**狀態一定可以寫成基底狀態的線性組合。對於任何狀態 $|\psi\rangle$，我們可以寫下

$$|\psi\rangle = |++\rangle\langle++|\psi\rangle + |+-\rangle\langle+-|\psi\rangle$$
$$+ |-+\rangle\langle-+|\psi\rangle + |--\rangle\langle--|\psi\rangle \tag{12.2}$$

因爲完整的「包括」（bracket），如 $\langle++|\psi\rangle$，只是複數而已，所以

我們可將它們寫成一般的 C_i，$i = 1$、2、3、4；因此(12.2)式就成為

$$|\psi\rangle = |++\rangle C_1 + |+-\rangle C_2 + |-+\rangle C_3 + |--\rangle C_4$$

(12.3)

只要指明四個機率幅，我們就完整的描述了自旋狀態 $|\psi\rangle$。如果這四個機率幅會隨時間改變，它們的確會如此，則變化的速率取決於算符 $\hat{H}$。問題在於找出 $\hat{H}$。

對於如何寫下原子系統的哈密頓算符，其實並沒有規則可循；找到正確的公式比起找到一組基底來說，更像是藝術。對於一個質子與一個電子的任何問題，我們可以告訴你寫下一組基底狀態的一般原則；但是在這個階段，我卻很難描述給你知道這種系統的一般性哈密頓算符，所以我們無法以嚴謹的方式推導哈密頓算符，你必須接受它是正確的答案，因為它的結果與實驗觀測相符。

你還記得我們在上一章用 σ 矩陣，或完全相等的矩陣來描述一個自旋 1/2 粒子的哈密頓算符。表 12-1 列出了這些矩陣的性質。這些矩陣只是記錄例如 $\langle + | \sigma_z | + \rangle$ 這類矩陣元素的簡便記號，用來描述**單一個**自旋 1/2 粒子的性質很方便。現在問題是：我們可不可

表 12-1

$$\sigma_z | + \rangle = + | + \rangle$$
$$\sigma_z | - \rangle = - | - \rangle$$
$$\sigma_x | + \rangle = + | - \rangle$$
$$\sigma_x | - \rangle = + | + \rangle$$
$$\sigma_y | + \rangle = + i | - \rangle$$
$$\sigma_y | - \rangle = - i | + \rangle$$

以找到類似的東西，來描述有兩個自旋的系統？答案是可以的，很簡單，方法如下：我們發明一種稱爲「σ電子」算符的東西，我們用向量算符 $\boldsymbol{\sigma}^{\mathrm{e}}$ 來代表它，$\boldsymbol{\sigma}^{\mathrm{e}}$ 的 x、y、z 分量分別是 σ_x^{e}、σ_y^{e}、σ_z^{e}。

我們現在設定**規則**說，如果將這些算符之一作用於氫原子的四個基底狀態上，它只會作用在**電子**自旋上，而且作用的方式和電子是獨自一個的時候完全一樣。例如，什麼是 $\sigma_y | - +\rangle$ ？因爲 σ_y 作用於自旋向「下」的電子時，會得到電子自旋向「上」的狀態再乘上 $-i$，

$$\sigma_y^{\mathrm{e}} | - +\rangle = -i | + +\rangle$$

（當 σ_y^{e} 作用於電子質子的組合態時，它只會**翻轉**電子，不會去干擾到質子，然後乘上 $-i$。）如果 σ_y^{e} 作用於其他狀態，就得到

$$\sigma_y^{\mathrm{e}} | + +\rangle = i | - +\rangle$$
$$\sigma_y^{\mathrm{e}} | + -\rangle = i | - -\rangle$$
$$\sigma_y^{\mathrm{e}} | - -\rangle = -i | + -\rangle$$

你只要記得算符 $\boldsymbol{\sigma}^{\mathrm{e}}$ 只會作用於**第一個**自旋記號，也就是**電子**自旋。

我們接下來定義「σ質子」算符，其三個分量 σ_x^{p}、σ_y^{p}、σ_z^{p} 的作用方式與 $\boldsymbol{\sigma}^{\mathrm{e}}$ 一樣，但卻只會作用在**質子**自旋。例如，將 σ_x^{p} 作用於四個基底狀態就會得到（利用表 12-1）

$$\sigma_x^{\mathrm{p}} | + +\rangle = | + -\rangle$$
$$\sigma_x^{\mathrm{p}} | + -\rangle = | + +\rangle$$
$$\sigma_x^{\mathrm{p}} | - +\rangle = | - -\rangle$$
$$\sigma_x^{\mathrm{p}} | - -\rangle = | - +\rangle$$

你可以看出這些計算並不困難。

在最一般性的狀況中，我們可能有更複雜的東西，例如，我們可能有兩個算符的乘積像是 $\sigma_y^e \sigma_z^p$。對於這樣的算符，我們得讓從右邊算來第一個算符先作用，然後再考慮右邊算來第二個算符的作用。* 例如，我們有

$$\sigma_x^e \sigma_z^p | + - \rangle = \sigma_x^e (\sigma_z^p | + - \rangle) = \sigma_x^e (- | + - \rangle)$$
$$= -\sigma_x^e | + - \rangle = - | - - \rangle$$

請注意這些算符不會作用在純數字上，我們已經用了像 $\sigma_x^e(-1) = (-1)\sigma_x^e$ 的等式，所以我們說算符可以和純數字「交換」，或者說數字可以「穿越過」算符。你可以練習著算出乘積 $\sigma_x^e \sigma_z^p$ 作用於四個基底狀態，會得到

$$\sigma_x^e \sigma_z^p | + + \rangle = + | - + \rangle$$
$$\sigma_x^e \sigma_z^p | + - \rangle = - | - - \rangle$$
$$\sigma_x^e \sigma_z^p | - + \rangle = + | + + \rangle$$
$$\sigma_x^e \sigma_z^p | - - \rangle = - | + - \rangle$$

如果考慮所有的算符，就共有十六種可能的乘積。是的，十六種，假設我們也把「單位算符」算在內。首先我們有三個算符：σ_x^e、σ_y^e、σ_z^e，再來有三個 σ_x^p、σ_y^p、σ_z^p，有六個。另外還有九個像 $\sigma_x^e \sigma_y^p$ 的可能乘積，連同剛才的六個，這樣就有十五個算符。最後加上單位算符，總共有十六個。

請注意，對於一個四態系統來說，哈密頓矩陣一定是 4 乘 4 的

---

*原注：對於這些**特殊的**算符而言，它們的順序恰好沒有關係。

矩陣，它有十六個元素。我們能很容易的證明，任何 4 乘 4 的矩陣都可以寫成十六個（對應到剛才那十六個算符的）雙自旋矩陣的線性組合，尤其是哈密頓矩陣。所以如果一個質子與一個電子的交互作用只和其自旋有關，則我們預期哈密頓算符可以寫成十六個算符的線性組合。唯一的問題是，怎麼找出這些係數？

這個嘛，首先，我們知道交互作用不會取決於座標軸的選擇。如果沒有像磁場的外界干擾，來決定空間中唯一的方向，則哈密頓算符不可能取決於我們對於 x、y、z 軸方向的選擇。這意味著，哈密頓算符不會有像獨自的 σ_x^e 這種項；這種項是荒唐的，因為選了另一種座標軸的人會得到不同的結果。

唯一的可能性是正比於單位矩陣的項，例如常數 a 乘上 $\hat{1}$，以及某些在座標變換之下不會改變的 σ 矩陣組合，也就是某些「不變」的組合。兩個向量唯一的**純量**不變組合是內積，對於我們的 σ 矩陣來說，就是

$$\boldsymbol{\sigma}^e \cdot \boldsymbol{\sigma}^p = \sigma_x^e \sigma_x^p + \sigma_y^e \sigma_y^p + \sigma_z^e \sigma_z^p \tag{12.4}$$

這個算符在任意的座標旋轉之下是不變的。所以，有適當空間對稱性的唯一可能的哈密頓算符，就是一個常數乘上單位矩陣加上另一個常數乘上(12.4)這個內積，也就是

$$\hat{H} = E_0 + A \, \boldsymbol{\sigma}^e \cdot \boldsymbol{\sigma}^p \tag{12.5}$$

這就是我們的哈密頓算符。就空間對稱性而言，這是唯一可能的答案，**只要沒有外場存在**。常數項其實沒有多大作用，它只取決於我們所選的能量基準點，我們其實可以就讓 $E_0 = 0$。如想瞭解氫原子能階的分裂，我們只需第二項。

如果你願意，可以用另一種方式來想像這個哈密頓算符。如果

有兩個鄰近的磁體，各自的磁矩是 $\boldsymbol{\mu}_e$ 與 $\boldsymbol{\mu}_p$，則它們的交互作用能量取決於 $\boldsymbol{\mu}_e \cdot \boldsymbol{\mu}_p$，以及其他因素。你還記得，我們已發現了，稱爲 $\boldsymbol{\mu}_e$ 的古典東西對應到量子力學中的 $\mu_e \boldsymbol{\sigma}_e$；同樣的，古典的 $\boldsymbol{\mu}_p$ 也會在量子力學中變成 $\mu_p \boldsymbol{\sigma}_p$。（$\mu_p$ 是質子的磁矩，大約比 μ_e 小一千倍，而且符號相反。）

　　所以(12.5)式的意思是，交互作用能量就像兩個磁體的交互作用，只是還有點差異，因爲兩個磁體的交互作用與兩者之間的距離有關。但是(12.5)式可以是某種平均的交互作用，而事實上也是：電子在原子中到處轉，因此我們的哈密頓算符只能算出平均交互作用能量。哈密頓算符僅指出在某種特定的（電子與質子的）空間配置中，有個能量與（就古典物理而言的）兩個磁體夾角的餘弦成正比。這種古典的定性圖像或許可以幫助你瞭解哈密頓算符從何而來，但眞正重要的是，(12.5)式確實是正確的量子力學公式。

　　兩個磁體之間古典交互作用的大小，約是兩個磁矩的乘積除以彼此距離的三次方。在氫原子中，電子與質子的距離大約是波耳半徑（Bohr radius），或約 0.5 埃（Å）。因此我們可以粗略估計，常數 A 應該是磁矩 μ_e 與 μ_p 的乘積除以 0.5 埃的三次方。這樣的估計與實際的大小相差不遠。事實上，只要你明瞭完整的氫原子量子論，你就可以精確的算出 A，不過，我們到現在還沒有談到氫原子量子論。事實上，對於 A 的計算已經可以準確至十萬分之三。所以這和氨分子中來回變換機率幅 A 的情況不同，那個機率幅完全無法精確計算出來，而這裡的 A 卻**可以**由更細膩的理論算出來。無論如何，我們將只把 A 看成是實驗可以決定的數字，而分析在此情況下的物理。

　　我們把(12.5)式的哈密頓算符，代入運動方程式

$$i\hbar \dot{C}_i = \sum_j H_{ij} C_j \tag{12.6}$$

來找出這個自旋交互作用會如何影響能階。我們這時需要算出十六個矩陣元素 $H_{ij} = \langle i \mid H \mid j \rangle$，其中 i 與 j 所指的是(12.1)中的四個基底狀態。

我們先來算 $\hat{H} \mid j \rangle$，例如，

$$\hat{H} \mid + + \rangle = A\, \boldsymbol{\sigma}^{\mathrm{e}} \cdot \boldsymbol{\sigma}^{\mathrm{p}} \mid + + \rangle = A\{\sigma_x^{\mathrm{e}}\sigma_x^{\mathrm{p}} + \sigma_y^{\mathrm{e}}\sigma_y^{\mathrm{p}} + \sigma_z^{\mathrm{e}}\sigma_z^{\mathrm{p}}\} \mid + + \rangle \tag{12.7}$$

利用稍早已談過的方法，如果你記得表 12-1 就很容易，我們找出（$\hat{H}$中）每一對 σ 矩陣作用於 $\mid + + \rangle$ 後的狀態，答案是

$$\begin{aligned}
\sigma_x^{\mathrm{e}}\sigma_x^{\mathrm{p}} \mid + + \rangle &= + \mid - - \rangle \\
\sigma_y^{\mathrm{e}}\sigma_y^{\mathrm{p}} \mid + + \rangle &= - \mid - - \rangle \\
\sigma_z^{\mathrm{e}}\sigma_z^{\mathrm{p}} \mid + + \rangle &= + \mid + + \rangle
\end{aligned} \tag{12.8}$$

所以(12.7)就變成

$$\hat{H} \mid + + \rangle = A\{\mid - - \rangle - \mid - - \rangle + \mid + + \rangle\} = A \mid + + \rangle \tag{12.9}$$

既然四個基底狀態是正交的，我們馬上從(12.9)得到

$$\begin{aligned}
\langle + + \mid H \mid + + \rangle &= A\langle + + \mid + + \rangle = A \\
\langle + - \mid H \mid + + \rangle &= A\langle + - \mid + + \rangle = 0 \\
\langle - + \mid H \mid + + \rangle &= A\langle - + \mid + + \rangle = 0 \\
\langle - - \mid H \mid + + \rangle &= A\langle - - \mid + + \rangle = 0
\end{aligned} \tag{12.10}$$

因為 $\langle j \mid H \mid i \rangle = \langle i \mid H \mid j \rangle^*$，我們已經可以寫下機率幅 C_1 的微分

方程式：

$$i\hbar\dot{C}_1 = H_{11}C_1 + H_{12}C_2 + H_{13}C_3 + H_{14}C_4$$

或

$$i\hbar\dot{C}_1 = AC_1 \tag{12.11}$$

就是這樣子了！全部只有一項。

如果要得到其他的哈密頓方程式，我們只要把 $\hat{H}$ 作用在其他狀態的結果算出來。首先，你可以試著檢驗所有列於次頁表 12-2 的式子，接著我們可以利用它們來得到

$$\hat{H} \mid + \, -\rangle = A\{2 \mid -\, +\rangle - \mid +\, -\rangle\}$$
$$\hat{H} \mid - \, +\rangle = A\{2 \mid +\, -\rangle - \mid -\, +\rangle\} \tag{12.12}$$
$$\hat{H} \mid - \, -\rangle = A \mid -\, -\rangle$$

然後將按次序，將以上的每個式子從左邊乘上所有的態向量，就得到哈密頓矩陣 H_{ij}：

$$H_{ij} = \begin{pmatrix} A & 0 & 0 & 0 \\ 0 & -A & 2A & 0 \\ 0 & 2A & -A & 0 \\ 0 & 0 & 0 & A \end{pmatrix} \tag{12.13}$$

它的意思當然只是在說，四個機率幅 C_i 滿足以下的微分方程式：

$$i\hbar\dot{C}_1 = AC_1$$
$$i\hbar\dot{C}_2 = -AC_2 + 2AC_3$$
$$i\hbar\dot{C}_3 = 2AC_2 - AC_3 \tag{12.14}$$
$$i\hbar\dot{C}_4 = AC_4$$

表 12-12　氫原子的自旋算符

$$\sigma_x^{\mathrm{e}}\sigma_x^{\mathrm{p}}\,|++\rangle = +\,|--\rangle$$
$$\sigma_x^{\mathrm{e}}\sigma_x^{\mathrm{p}}\,|+-\rangle = +\,|-+\rangle$$
$$\sigma_x^{\mathrm{e}}\sigma_x^{\mathrm{p}}\,|-+\rangle = +\,|+-\rangle$$
$$\sigma_x^{\mathrm{e}}\sigma_x^{\mathrm{p}}\,|--\rangle = +\,|++\rangle$$

$$\sigma_y^{\mathrm{e}}\sigma_y^{\mathrm{p}}\,|++\rangle = -\,|--\rangle$$
$$\sigma_y^{\mathrm{e}}\sigma_y^{\mathrm{p}}\,|+-\rangle = +\,|-+\rangle$$
$$\sigma_y^{\mathrm{e}}\sigma_y^{\mathrm{p}}\,|-+\rangle = +\,|+-\rangle$$
$$\sigma_y^{\mathrm{e}}\sigma_y^{\mathrm{p}}\,|--\rangle = -\,|++\rangle$$

$$\sigma_z^{\mathrm{e}}\sigma_z^{\mathrm{p}}\,|++\rangle = +\,|++\rangle$$
$$\sigma_z^{\mathrm{e}}\sigma_z^{\mathrm{p}}\,|+-\rangle = -\,|+-\rangle$$
$$\sigma_z^{\mathrm{e}}\sigma_z^{\mathrm{p}}\,|-+\rangle = -\,|-+\rangle$$
$$\sigma_z^{\mathrm{e}}\sigma_z^{\mathrm{p}}\,|--\rangle = +\,|--\rangle$$

在開始解這些方程式之前，我們忍不住要告訴你一個狄拉克發明的小技巧，它會讓你覺得已經是比較高段一點了，雖然我們目前還不真的需要它。我們從(12.9)式與(12.12)式可以得到

$$\boldsymbol{\sigma}^{\mathrm{e}}\cdot\boldsymbol{\sigma}^{\mathrm{p}}\,|++\rangle = |++\rangle$$
$$\boldsymbol{\sigma}^{\mathrm{e}}\cdot\boldsymbol{\sigma}^{\mathrm{p}}\,|+-\rangle = 2\,|-+\rangle - |+-\rangle$$
$$\boldsymbol{\sigma}^{\mathrm{e}}\cdot\boldsymbol{\sigma}^{\mathrm{p}}\,|-+\rangle = 2\,|+-\rangle - |-+\rangle \tag{12.15}$$
$$\boldsymbol{\sigma}^{\mathrm{e}}\cdot\boldsymbol{\sigma}^{\mathrm{p}}\,|--\rangle = |--\rangle$$

現在狄拉克說，我們如果把第一個與最後一個方程式寫成

$$\boldsymbol{\sigma}^{\mathrm{e}}\cdot\boldsymbol{\sigma}^{\mathrm{p}}\,|++\rangle = 2\,|++\rangle - |++\rangle$$
$$\boldsymbol{\sigma}^{\mathrm{e}}\cdot\boldsymbol{\sigma}^{\mathrm{p}}\,|--\rangle = 2\,|--\rangle - |--\rangle$$

那麼(12.15)的四個式子看起來就很類似。現在，我們發明一個稱為 $P_{\text{自旋交換}}$ 的新算符＊，其性質如下：

$$P_{\text{自旋交換}}|++\rangle = |++\rangle$$
$$P_{\text{自旋交換}}|+-\rangle = |-+\rangle$$
$$P_{\text{自旋交換}}|-+\rangle = |+-\rangle$$
$$P_{\text{自旋交換}}|--\rangle = |--\rangle$$

這個算符的作用就是交換兩個粒子的自旋指向，因此我們可以將(12.15)式中全部的方程式寫成一個簡單的算符方程式：

$$\sigma^{e} \cdot \sigma^{p} = 2P_{\text{自旋交換}} - 1 \tag{12.16}$$

這就是狄拉克的公式。他的「自旋交換算符」給了我們一個方便的規則來記憶 $\sigma^{e} \cdot \sigma^{p}$。（你現在什麼都可以做了，因為門已打開了！）

12-3 能階

現在我們已準備好，來解出哈密頓方程式(12.14)，以得到氫原子基態的能階，我們要找出定態的能量。這表示我們要找出那些特殊的狀態 $|\psi\rangle$，其中各個 $|\psi\rangle$ 的所有機率幅 $C_i = \langle i|\psi\rangle$ 所含隨時間變化的因子都相同，都是 $e^{-i\omega t}$，狀態 $|\psi\rangle$ 的能量就是 $E = \hbar\omega$。所以，我們要尋找的一組機率幅是

$$C_i = a_i e^{(-i/\hbar)Et} \tag{12.17}$$

＊原注：這個算符現在稱為「包立自旋交換算符」。

其中的四個係數 a_i 與時間無關。將(12.17)式代入(12.14)式，則(12.14)式中的 $i\hbar\, dC/dt$ 就變成 EC，而且在消掉共同的指數因子之後，每個 C 就變成 a；(12.14)式就成爲

$$
\begin{aligned}
Ea_1 &= Aa_1 \\
Ea_2 &= -Aa_2 + 2Aa_3 \\
Ea_3 &= 2Aa_2 - Aa_3 \\
Ea_4 &= Aa_4
\end{aligned}
\tag{12.18}
$$

我們必須解出 a_1、a_2、a_3、a_4。請注意，(12.18)式中的第一個方程式與其他的方程式無關，這表示我們馬上有一個解。如果選擇 $E = A$，則

$$
a_1 = 1, \qquad a_2 = a_3 = a_4 = 0
$$

是一組解。（如果所有的 a 皆爲零，當然也是一組解，但這樣子是沒有態！）讓我們稱這第一個解爲狀態 $|I\rangle$：*

$$
|I\rangle = |1\rangle = |++\rangle
\tag{12.19}
$$

它的能量是

$$
E_I = A
$$

有了以上的例子，你馬上可以從(12.18)的最後一個方程式，看出另一個解：

---

*原注：這個狀態其實是 $|I\rangle\, e^{-(i/\hbar)E_I t}$；但我們通常是從 $t = 0$ 時的向量，來辨認這個狀態。

$$a_1 = a_2 = a_3 = 0, \qquad a_4 = 1,$$
$$E = A$$

我們稱這個解爲狀態 $|II\rangle$：

$$|II\rangle = |4\rangle = |--\rangle,$$
$$E_{II} = A \tag{12.20}$$

接下來，事情就比較難了：(12.18)中剩下的兩個式子是交纏在一起的，不過我們以前也碰過這種狀況。把這兩個式子加起來，得到

$$E(a_2 + a_3) = A(a_2 + a_3) \tag{12.21}$$

兩個式子減就得到

$$E(a_2 - a_3) = -3A(a_2 - a_3) \tag{12.22}$$

靠視察，同時記得氨分子的例子，我們看出兩個解：

與
$$a_2 = a_3, \qquad E = A$$
$$a_2 = -a_3, \qquad E = -3A \tag{12.23}$$

它們是 $|2\rangle$ 和 $|3\rangle$ 的混合；我們把稱它們爲 $|III\rangle$ 和 $|IV\rangle$，而且補上 $1/\sqrt{2}$ 的歸一因子，好讓它們是歸一的狀態，則

$$|III\rangle = \frac{1}{\sqrt{2}}(|2\rangle + |3\rangle) = \frac{1}{\sqrt{2}}(|+-\rangle + |-+\rangle)$$
$$E_{III} = A \tag{12.24}$$

與

$$|IV\rangle = \frac{1}{\sqrt{2}}(|2\rangle - |3\rangle) = \frac{1}{\sqrt{2}}(|+-\rangle - |-+\rangle)$$
$$E_{IV} = -3A \tag{12.25}$$

我們已經找到四個定態以及其能量。請注意,這四個狀態恰好是正交的,所以可以當作基底狀態,如果我們願意的話。我們的問題已經完全解完了。

四個態中有三個態的能量是 A ,第四個的能量則是 $-3A$:平均能量是零,這表示當我們選擇了讓(12.5)式中的 $E_0 = 0$ 時,我們等於選擇了以平均能量為基準來測量能量。圖 12-2 代表氫原子基態的能階圖。

狀態 $|IV\rangle$ 與其他任何狀態之間的能量差是 $4A$ 。剛好進入狀態 $|I\rangle$ 的一個原子,可以降至狀態 $|IV\rangle$ 而放出光。這不是可見光,因為能量太低了,它所放射的是微波量子。或者說,我們如果將微波照射到氫原子氣體上,我們會發現能量被吸收,因為處於狀態 $|IV\rangle$ 的原子會吸收能量,而上升至其他狀態,但是只有頻率 $\omega = 4A/\hbar$ 的光被吸收。實驗上,這個頻率已經量到了;最近量到的最好結果* 是

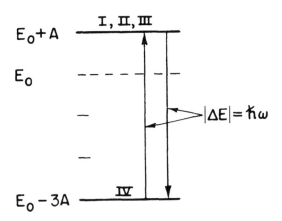

圖 12-2　氫原子基態的能階圖

$$f = \omega/2\pi = (1,420,405,751.800 \pm 0.028) \text{ 赫茲} \quad (12.26)$$

誤差只是千億分之二，也許沒有其他的基本物理量可以量得比這更準，這的確是物理中最精確的測量之一。理論學家非常高興，因為他們的計算只能精準至十萬分之三，但是實驗的準確度卻達到千億分之二，比理論更準確一百萬倍。所以實驗學家遠跑在理論學家之前。在氫原子基態的理論上，**你**並不輸給其他人。你也可以依據實驗而調整自己的 A 值，其他人最後也是得這麼做。

你或許聽說過氫原子的「二十一公分譜線」，這正是超精細狀態之間 1420 百萬赫譜線的波長。星系中的氫原子氣體會吸收或放射這個波長的輻射，所以如果把無線電望遠鏡調到二十一公分波長（或是約 1420 百萬赫），我們可以觀察到氫原子氣體密度較高區域的位置與速度。我們可以從所量到的強度估計出氫原子的數量，也可以從所量到的頻移（由於都卜勒效應）去瞭解星系中氣體的運動。這是電波天文學的大型研究計畫之一。所以我們所談的是非常真實的問題，它們不是人造的問題。

12-4 季曼分裂

雖然我們已經解決了找出氫原子基態能階的問題，我們仍想多討論一下這個有趣的系統。為了要多知道一些事，例如說，為了計算出氫原子吸收或放射二十一公分無線電波的速率，我們必須瞭解原子受到擾動之後會如何？我們接下來得做的事和以前氨分子的例

*原注：請參考 Crampton, Kleppner, Ramsey; *Physical Review Letters*, Vol. **11**, page 338 (1963)。

子相同，在找出能階之後，我們繼續研究分子在電場中的行為，我們那時可以從電場推敲出分子在無線電波中的效應。但對於氫原子來說，電場不會影響能階，除了會提升所有能階的能量，所提升的能量是和電場強度平方成正比的固定值，這不是我們感興趣的，因為它不會改變能階之間的能量**差距**。對氫原子來說，重要的是**磁場**，所以下一步就是寫出可以描述原子位於外在磁場中這種較複雜狀況的哈密頓算符。

那麼什麼是哈密頓算符？我們只能直接告訴你答案，因為我們無法提供任何「證明」，除了說原子就是這個樣子。

哈密頓算符是

$$\hat{H} = A(\boldsymbol{\sigma}^e \cdot \boldsymbol{\sigma}^p) - \mu_e \boldsymbol{\sigma}^e \cdot \boldsymbol{B} - \mu_p \boldsymbol{\sigma}^p \cdot \boldsymbol{B} \qquad (12.27)$$

它有三個部分，第一項 $A\boldsymbol{\sigma}^e \cdot \boldsymbol{\sigma}^p$ 代表電子和質子間的磁交互作用，如果沒有外在磁場，同樣的項也會出現在哈密頓算符中；所以這一項我們以前已經有了，而且磁場對於常數 A 的影響可以忽略。外在磁場的效應出現在最後兩項中。第二項 $\mu_e \boldsymbol{\sigma}^e \cdot \boldsymbol{B}$ 是電子單獨位於磁場中時的能量；同樣的，最後一項 $-\mu_p \boldsymbol{\sigma}^p \cdot \boldsymbol{B}$ 是質子單獨位於磁場中時的能量。＊ 古典上，這兩種情形同時出現的能量，就是這兩項能量的和，這在量子力學中也成立。磁場中，來自磁場的交互作用能量，只是電子與磁場的交互作用能量加上質子與磁場的交互作用能量，兩者都以 σ 算符來表示。在量子力學中，這些項並

＊原注：請記得在古典物理中 $U = -\boldsymbol{\mu} \cdot \boldsymbol{B}$，所以當磁矩與磁場平行時能量最低。對於帶正電粒子來說，磁矩平行於自旋；對於負電粒子來說，磁矩與自旋反平行；所以(12.27)式中的 μ_p 是**正值**，但是 μ_e 是**負值**。

非真的是能量,但從古典能量公式去著想,也是記憶寫下哈密頓算符的規則的辦法。總之,正確的哈密頓算符是(12.27)式。

現在我們得從頭開始,再解一次問題。但是很多工作以前已做過了,我們只需要加入那兩項新項的效應。假設固定磁場 $\boldsymbol{B}$ 是在 z 方向,則我們必須加到哈密頓算符 $\hat{H}$ 的兩新項稱為 $\hat{H}'$,就是:

$$\hat{H}' = -(\mu_e \sigma_z^e + \mu_p \sigma_z^p)B$$

從表 12-1,我們馬上看出

$$
\begin{aligned}
\hat{H}' \,|++\rangle &= -(\mu_e + \mu_p)B \,|++\rangle \\
\hat{H}' \,|+-\rangle &= -(\mu_e - \mu_p)B \,|+-\rangle \\
\hat{H}' \,|-+\rangle &= -(-\mu_e + \mu_p)B \,|-+\rangle \\
\hat{H}' \,|--\rangle &= (\mu_e + \mu_p)B \,|--\rangle
\end{aligned}
\tag{12.28}
$$

真是太好了!$\hat{H}'$ 作用在每個狀態上剛好就等於每個狀態自己乘上一個數字。所以矩陣 $\langle i \,|\, H' \,|\, j\rangle$ 只有**對角**元素,我們可以把(12.28)式中的係數加到(12.13)矩陣中相對應的對角項裡,而哈密頓方程式(12.14)就變為

$$
\begin{aligned}
i\hbar dC_1/dt &= \{A - (\mu_e + \mu_p)B\}C_1 \\
i\hbar dC_2/dt &= -\{A + (\mu_e - \mu_p)B\}C_2 + 2AC_3 \\
i\hbar dC_3/dt &= 2AC_2 - \{A - (\mu_e - \mu_p)B\}C_3 \\
i\hbar dC_4/dt &= \{A + (\mu_e + \mu_p)B\}C_4
\end{aligned}
\tag{12.29}
$$

方程式的形式並未改變,只是係數變了。只要 B 不隨時間而變,我們就能夠和以前一樣的繼續做。把 $C_i = a_i e^{-(i/\hbar)E_i t}$ 代入上式,就得到(12.18)式的修正:

$$Ea_1 = \{A - (\mu_e + \mu_p)B\}a_1$$
$$Ea_2 = -\{A + (\mu_e - \mu_p)B\}a_2 + 2Aa_3$$
$$Ea_3 = 2Aa_2 - \{A - (\mu_e - \mu_p)B\}a_3$$
$$Ea_4 = \{A + (\mu_e + \mu_p)B\}a_4$$

(12.30)

很幸運的，第一個方程式與第四個方程式仍然和其他方程式無關，所以同樣的技術還是可以派上用場。

狀態 $|I\rangle$ 還是一個解，其中 $a_1 = 1$，$a_2 = a_3 = a_4 = 0$，或是說

$$|I\rangle = |1\rangle = |++\rangle$$

還有

$$E_I = A - (\mu_e + \mu_p)B$$

(12.31)

另一個解是

$$|II\rangle = |4\rangle = |--\rangle$$

還有

$$E_{II} = A + (\mu_e + \mu_p)B$$

(12.32)

至於剩下的兩個方程式就得多費點事，因為 a_1 與 a_2 的係數不再相等。但是它們和氨分子的一對方程式很類似；回頭對照(9.20)式，我們可以找出以下的類比（記得 1 和 2 的標誌對應到這裡的 2 和 3）：

$$H_{11} \rightarrow -A - (\mu_e - \mu_p)B$$
$$H_{12} \rightarrow 2A$$
$$H_{21} \rightarrow 2A$$
$$H_{22} \rightarrow -A + (\mu_e - \mu_p)B$$

(12.33)

能量的公式就是(9.25)式，也就是

$$E = \frac{H_{11} + H_{22}}{2} \pm \sqrt{\frac{(H_{11} - H_{22})^2}{4} + H_{12}H_{21}} \quad (12.34)$$

把(12.33)的對應代入(12.34)式，得到能量公式

$$E = -A \pm \sqrt{(\mu_e - \mu_p)^2 B^2 + 4A^2}$$

雖然我們在第9章中稱這兩個能量為 E_I 與 E_{II}，在這裡它們應該稱為 E_{III} 與 E_{IV}，

$$E_{III} = A\{-1 + 2\sqrt{1 + (\mu_e - \mu_p)^2 B^2/4A^2}\}$$
$$E_{IV} = -A\{1 + 2\sqrt{1 + (\mu_e - \mu_p)^2 B^2/4A^2}\} \quad (12.35)$$

所以，我們已經找到了氫原子在固定磁場中四個定態的能量。為了檢驗這個結果，我們讓 B 趨近於零，看看可不可以得到和前一節一樣的能量；結果是一樣的。如果 $B = 0$，E_I、E_{II}、E_{III} 這三個能量就變成 $+A$，而 E_{IV} 會變成 $-3A$，甚至我們對於這些狀態的稱呼也和以前一樣。不過一旦我們加上磁場，所有的能量會以不同的方式改變，讓我們以下就瞧瞧這些變化為何？

首先，我們必須記得電子的磁矩 μ_e 是負的，而且其大小大約比（正的）μ_p 大一千倍。所以 $(\mu_e + \mu_p)$ 和 $(\mu_e - \mu_p)$ 都是負數，而且幾乎相等，讓我們稱呼它們為 $-\mu$ 與 $-\mu'$：

$$\mu = -(\mu_e + \mu_p), \quad \mu' = -(\mu_e - \mu_p) \quad (12.36)$$

〔μ 與 μ' 是正數，都幾乎等於 μ_e 的大小，也就是 1 波耳磁元（Bohr magneton）。〕則我們的四個能量就是

$$E_I = A + \mu B$$
$$E_{II} = A - \mu B$$
$$E_{III} = A\{-1 + 2\sqrt{1 + \mu'^2B^2/4A^2}\}$$
$$E_{IV} = -A\{1 + 2\sqrt{1 + \mu'^2B^2/4A^2}\}$$

(12.37)

能量 E_I 從 A 開始增加，增加的部分與 B 成正比，斜率是 μ。能量 E_{II} 則從 A 開始**減少**，減少的部分也與 B 成正比，斜率為 $-\mu$。這兩個能階與 B 的關係呈現於圖 12-3。圖中也畫出了能量 E_{III} 與 E_{IV} 的函數曲線，它們與 B 的關係就和 E_I 與 E_{II} 不同：如果 B 很小，它們就與 B 的平方成比例，所以一開始的斜率為零，然後開始彎曲；如

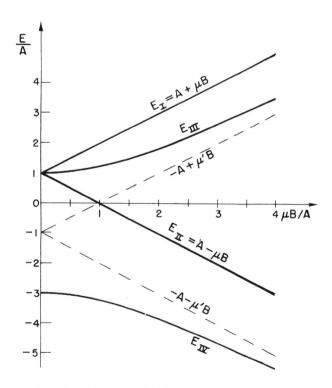

圖 12-3　氫原子在磁場中的基態能階

果 B 很大，它們就逼近斜率是 ± μ' 的直線，這斜率幾乎等於 E_I 與 E_{II} 的斜率。

　　原子的能階因外在磁場而改變的現象，稱爲**季曼效應**（Zeeman effect）。我們稱圖 12-3 中的曲線呈現了氫原子基態的**季曼分裂**。如果沒有磁場，我們只有來自氫原子精密結構的一條譜線，在狀態 |IV〉與任何其他狀態之間的躍遷會隨伴著吸收或發射一個光子，其頻率是 1420 百萬赫（等於能量差距 $4A$ 除以 h）。可是如果原子是在外磁場 B 之中，我們就有更多的譜線，這些譜線來自四個狀態中任何兩個狀態之間的躍遷。所以如果四個狀態上都有原子，則圖

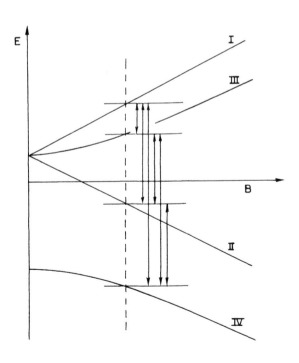

圖 12-4　氫原子在某特定磁場中，基態能階之間的躍遷。

12-4 中，由垂直箭頭所顯示的六種躍遷便可以發生，能量因而也就被吸收或發射。很多這類躍遷，可以用我們在第 II 卷描述過的拉比分子束（Rabi molecular beam）技術來觀測。

究竟是什麼造成躍遷？如果你施加一個會隨時間改變的小擾動磁場（除了固定的強磁場 B 之外），躍遷就會發生。這情況類似於變動的電場對於氨分子的作用，只是現在能夠與磁矩耦合而導致躍遷的是磁場，但是躍遷機率的理論計算基本上仍然和氨分子的例子一樣。假如擾動的磁場是在 xy 平面上旋轉（雖然任何水平振動的磁場都可以），則理論計算會最爲簡單。如果你把這種微擾場加到哈密頓算符中，會得到隨時間而變的機率幅，就好像氨分子的情況。因此你可以很容易精確的計算出從一態躍遷至另一態的機率，計算結果完全和實驗相符。

12-5 磁場中的狀態

我們現在要討論圖 12-3 中曲線的形狀。首先，磁場很大時的能量很容易理解，也相當有趣。如果磁場夠大（即 $\mu B / A \gg 1$），(12.37)式中根號內的 1 可以忽略，四個能量就成爲

$$E_I = A + \mu B \qquad E_{II} = A - \mu B$$
$$E_{III} = -A + \mu'B \qquad E_{IV} = -A - \mu'B \qquad (12.38)$$

它們是圖 12-3 中四條直線的方程式。物理上我們可以這麼瞭解這些能量：在**零場**中定態的本質完全取決於兩個磁矩的交互作用。定態 $|III\rangle$ 和 $|IV\rangle$ 之所以是基底狀態 $|+-\rangle$ 和 $|-+\rangle$ 的混合，完全是因爲這個交互作用。但是在**大的外**場中，質子和電子的場幾乎不太會影響對方，它們的行爲會好似獨自的處於外場中；那麼電

子的自旋就會與外場平行或反平行，我們以前已看過好幾次了。

假設電子的自旋向「上」，也就是和外場平行，則它的能量就是 $-\mu_e B$；假設質子的自旋仍然可以是向「上」或向「下」，如果也是向「上」，那麼其能量為 $-\mu_p B$；兩者的和是 $-(\mu_e + \mu_p)B = \mu B$，這正是我們所發現的能量 E_I，這是正確的，因為我們正在描述狀態 $|++\rangle = |I\rangle$。除此之外，還有一小項貢獻 A（記得 $\mu B >> A$）來自質子與電子的自旋交互作用能量，這時兩個自旋是平行的。（我們原先假設 A 是正值，因為前面提過的理論說它應該是正的，而且實驗的結果也是如此。）反過來說，如果質子的自旋向「下」，則它在外場中的能量是 $\mu_p B$，所以它和電子的能量是 $-(\mu_e - \mu_p)B = \mu' B$，同時自旋交互作用能量變成 $-A$。這些能量的和就是(12.38)式中的 E_{III}。所以狀態 $|III\rangle$ 在大外場中一定成為狀態 $|+-\rangle$。

現在假設電子的自旋向「下」，則它在外場中的能量是 $\mu_e B$。如果質子自旋也向「下」，則兩個粒子的能量就是 $(\mu_e + \mu_p)B = -\mu B$ **加上**自旋交互作用能量，因為兩個自旋是平行的。這個能量正是(12.38)式中的 E_{II}，而且對應到狀態 $|--\rangle = |II\rangle$，這很好。最後電子的自旋向「下」，而質子自旋向「上」，能量就是 $(\mu_e - \mu_p)B - A$（**減去** A 是因為兩個自旋是反平行的），剛好是 E_{IV}，所對應的狀態是 $|-+\rangle$。

不過你或許要說：「但是等一下！狀態 $|III\rangle$ 和 $|IV\rangle$ **並不是**狀態 $|+-\rangle$ 與 $|-+\rangle$，而是兩者的**混合**！」嗯，這樣說沒錯，可是兩者混合的程度很輕微。它們在 $B = 0$ 時的確是混合態，但是我們還沒有弄清楚 B 很大的時候會如何。既然我們把(12.33)的類比代入第9章的公式，來得到定態的能量，我們也可以得到定態的機率幅。這些機率幅來自(9.24)式，也就是

$$\frac{a_2}{a_3} = \frac{E - H_{22}}{H_{21}}$$

這比值 a_2/a_3 當然就是 C_2/C_3。把(12.33)的類比代入上式，我們就得到

$$\frac{C_2}{C_3} = \frac{E + A - (\mu_e - \mu_p)B}{2A}$$

或

$$\frac{C_2}{C_3} = \frac{E + A + \mu'B}{2A} \tag{12.39}$$

這裡的 E 就是 E_{III} 或 E_{IV}；例如，對於狀態 $|III\rangle$，我們有

$$\left(\frac{C_2}{C_3}\right)_{III} \approx \frac{\mu'B}{A} \tag{12.40}$$

所以如果 B 很大，狀態 $|III\rangle$ 就有 $C_2 \gg C_3$，這個狀態幾乎完全變成狀態 $|2\rangle = |+ -\rangle$。同樣的，如果把 E_{IV} 代入(12.39)式，得到 $(C_2/C_3)_{IV} \ll 1$；因此，如果 B 很大，狀態 $|IV\rangle$ 就只是狀態 $|3\rangle = |- +\rangle$ 而已。因爲定態是基底狀態的線性組合，這些定態的組合係數取決於 B；如果磁場很小，狀態 $|III\rangle$ 是 $|+ -\rangle$ 與 $|- +\rangle$ 各百分之五十的混合（相加），但是如果磁場很大，就完全轉變成 $|+ -\rangle$。類似的，如果磁場很小，狀態 $|IV\rangle$ 也是 $|+ -\rangle$ 與 $|- +\rangle$ 各百分之五十的混合（相減），但是如果磁場很強，自旋因而沒有耦合，它就完全轉變成 $|- +\rangle$。

我們要請你特別注意外場**非常弱**的情形：在你加上很小的外場

時，有一個能量－3*A* **並不會受到影響**，也有另外一個能量 *A* 會分裂成三個不同的能階。如果外場很弱，圖 12-5 呈現出這些能量與 *B* 的關係。假設我們剛好選擇了一堆能量全是－3*A* 的氫原子，如果將這些原子送入斯特恩－革拉赫裝置，且磁場不強，這些原子會筆直的穿過裝置。（既然它們的能量與磁場無關，根據虛功原理，它們在磁場梯度中就不會受力。）但是如果我們挑選了一堆能量為 +*A* 的氫原子，然後將它們送入斯特恩－革拉赫裝置，例如 *S* 裝置，則我們會發現有**三條原子束**跑出來。（再一次的，裝置中磁場不能強到太干擾原子內部，也就是說磁場必須小到能量與磁場成正比。）

狀態 |*I*〉和 |*II*〉會受到相反的力，它們的能量與 *B* 成正比，

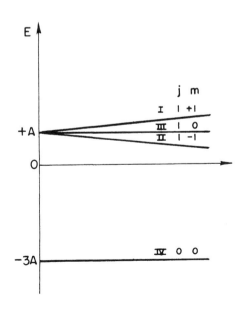

圖 12-5 弱磁場中氫原子的狀態

斜率是 $\pm\mu$，因此所受的**力**就像是作用於偶極 $\mu_z = \mp\mu$ 上的力；但是狀態 $|III\rangle$ 則不受力的筆直通過。所以我們又回到第 5 章的情形——**具有能量 A 的氫原子是一個自旋 1 粒子**。這個能態是一個 $j = 1$ 的「粒子」，而且它可以用第 5 章裡相對於空間中某組軸的三個基底狀態 $|+S\rangle$、$|0\,S\rangle$、$|-S\rangle$ 來描述。反之，具有能量 $-3A$ 的氫原子則是一個自旋 0 的粒子。（請記得，我們所說的只有在無窮小的磁場中才嚴格成立。）因此我們可以把零磁場中的氫原子狀態分成以下自旋 1 與自旋 0 兩組：

$$\left.\begin{array}{l} |I\rangle = |++\rangle \\[2mm] |III\rangle = \dfrac{|+-\rangle + |-+\rangle}{\sqrt{2}} \\[2mm] |II\rangle = |--\rangle \end{array}\right\} \text{自旋 spin 1} \left\{\begin{array}{l} |+S\rangle \\[2mm] |0\,S\rangle \\[2mm] |-S\rangle \end{array}\right. \tag{12.41}$$

$$|IV\rangle = \frac{|+-\rangle - |-+\rangle}{\sqrt{2}} \quad \text{自旋 0} \tag{12.42}$$

我們在第 II 卷第 35 章中說過（見附錄），對於任何一個粒子而言，角動量沿任何軸的分量只可能是某些值，這些值的間隔是 $\hbar$。角動量的 z 分量 J_z 可以是 $j\hbar$、$(j-1)\hbar$、$(j-2)\hbar$、……$(-j)\hbar$，j 是粒子的自旋（可以是整數或半整數）。雖然我們那時忘記說了，人們通常這麼寫

$$J_z = m\hbar \tag{12.43}$$

其中的 m 代表 j、$j-1$、$j-2$、……$-j$ 這些值其中之一。所以你會看到人們在書中用所謂的**量子數** j 與 m〔通常稱為「總角動量量子數」（j）與「磁量子數」（m）〕，來標定氫原子的四個基態。那麼，與其使用我們的記號 $|I\rangle$、$|II\rangle$ 等等，他們會把這些狀態記為

$|j, m\rangle$，所以他們會用表 12-3 的記號來表示(12.41) 式與(12.42)式中所寫下的狀態。這不是新物理，只是新記號而已。

表 12-3　氫原子的零磁場狀態

狀態 $\lvert j, m\rangle$	j	m	記 號
$\lvert 1, +1\rangle$	1	+1	$\lvert I\rangle = \lvert +S\rangle$
$\lvert 1, 0\rangle$	1	0	$\lvert III\rangle = \lvert 0\,S\rangle$
$\lvert 1, -1\rangle$	1	−1	$\lvert II\rangle = \lvert -S\rangle$
$\lvert 0, 0\rangle$	0	0	$\lvert IV\rangle$

12-6 自旋 1 的投影矩陣[*]

我們現在要用氫原子的知識來做一些比較特殊的事。第 5 章中，我們介紹了一種狀況：假設有一個**自旋** 1 粒子處於某斯特恩—革拉赫裝置（我們暫把這裝置稱為 S 裝置）的三個基底狀態（＋、0、－）之一，如果另有一個不同取（方）向的斯特恩—革拉赫裝置（我們稱為 T 裝置），則對於 T 裝置的每個基底狀態來說，這個自旋 1 粒子會有某個機率幅處於其中。這種機率幅 $\langle jT \mid iS\rangle$ 總共有九個，構成了投影矩陣。我們在 5-7 節中說明了，但並沒有證明在各種 T 相對 S 的取向下這個矩陣的各個元素。現在我們要告訴你一種推導這些元素的方法。

我們在氫原子中發現了一個由兩個自旋 1/2 粒子所組成的自旋 1 系統。我們已經在第 6 章推敲出自旋 1/2 機率幅如何變換，我們可以利用這項知識來計算自旋 1 機率幅的變換矩陣，方法如下：我們

---

[*]原注：跳過第 6 章的讀者也可以跳過這一節。

有個自旋 1 的系統，也就是能量為 A 的氫原子。假設我們讓它通過一個斯特恩—革拉赫濾器 S，以致於我們知道它是處於 S 的基底狀態之一（例如說 $|+S\rangle$），那麼它會在 T 的基底狀態之一（例如說 $|+T\rangle$）的機率幅是什麼？如果把 S 裝置的座標系統稱為 x、y、z 系統，則 $|+S\rangle$ 態就是我們稱為 $|++\rangle$ 的狀態。但是，如果另一個人把 T 裝置的軸當成是他的 z 軸，我們稱他的座標系為 x'、y'、z' 系統，則他的質子與電子的「上」和「下」狀態會和我們的不同。**他的**「正正」狀態，是自旋 1 粒子的 $|+T\rangle$ 狀態，我們可以稱為 $|+'+'\rangle$，因為所指涉的是 x'、y'、z' 座標系。我們要的是機率幅 $\langle +T\,|\,S\rangle$，也就是 $\langle +'+'\,|\,++\rangle$。

我們可以用以下的方法來得到 $\langle +'+'\,|\,++\rangle$：在**我們的**座標系中，處於 $|++\rangle$ 狀態的**電子**有向「上」的自旋，這表示電子有某個機率幅 $\langle +'\,|\,+\rangle_e$，對於**他的**座標系而言，是指向「上」的；同時也有某個機率幅 $\langle -'\,|\,+\rangle_e$，在那座標系是指向「下」的。同樣的，處於 $|++\rangle$ 狀態的**質子**在我們的座標系中有向「上」的自旋，也有機率幅 $\langle +'\,|\,+\rangle_p$ 與 $\langle -'\,|\,+\rangle_p$ 在 x'、y'、z' 座標中有指向「上」或指向「下」的自旋。既然我們談論的是兩個不同的粒子，**兩個**粒子的自旋在**他的**座標系中**都**指向「上」的機率幅，是兩個機率幅的乘積

$$\langle +'+'\,|\,++\rangle = \langle +'\,|\,+\rangle_e \langle +'\,|\,+\rangle_p \qquad (12.44)$$

我們在機率幅 $\langle +'\,|\,+\rangle$ 加了下標 e 與 p，好讓事情更為清楚。但它們都只是自旋 1/2 粒子的機率幅，所以都是相同的數字。它們事實上只是我們在第 6 章中稱為 $\langle +T\,|\,+S\rangle$ 的機率幅而已，我們在那一章最後的表列出了這些機率幅。

我們必須區別**自旋** 1/2 粒子的機率幅 $\langle +T\,|\,+S\rangle$，以及我們也稱

爲 $\langle +T \mid +S \rangle$ 的**自旋**1粒子機率幅，這兩者完全不同！我們希望這樣不至於太過困惑你，但是至少**目前**，我們必須用不同的記號來標定自旋1/2粒子的機率幅。爲了把事情講清楚，我們把記號整理於表12-4中。對於自旋1粒子的狀態，我們會繼續使用記號 $|+S\rangle$、$|0\,S\rangle$ 與 $|-S\rangle$。

表 12-4　自旋 1/2 的機率幅

本章	第 6 章
$a = \langle +' \mid + \rangle$	$\langle +T \mid +S \rangle$
$b = \langle -' \mid + \rangle$	$\langle -T \mid +S \rangle$
$c = \langle +' \mid - \rangle$	$\langle +T \mid -S \rangle$
$d = \langle -' \mid - \rangle$	$\langle -T \mid -S \rangle$

在新的記號中，(12.44)式成爲

$$\langle +'\ +' \mid +\ + \rangle = a^2$$

這正是**自旋**1粒子的機率幅 $\langle +T \mid +S \rangle$。現在假設另一個人的座標系（也就是 T 裝置的座標系，或 x'、y'、z' 座標系）只是相對於我們的 z 座標旋轉了 ϕ 角度，那麼我們從表6-2知道

$$a = \langle +' \mid + \rangle = e^{i\phi/2}$$

所以從(12.44)式，我們就有自旋1的機率幅

$$\langle +T \mid +S \rangle = \langle +'\ +' \mid +\ + \rangle = (e^{i\phi/2})^2 = e^{i\phi} \quad (12.45)$$

你現在已經知道我們是怎麼做的了。

我們會求出所有狀態的一般情況。如果質子和電子在**我們的**座

標系（S 座標系）中都是指向「上」的，則這個狀態在另一個人的座標系（T 座標系）中會處於四個可能狀態之一的機率幅是

$$\begin{aligned}
\langle +'\,+'\mid +\,+\rangle &= \langle +'\mid +\rangle_{\mathrm{e}}\langle +'\mid +\rangle_{\mathrm{p}} = a^2 \\
\langle +'\,-'\mid +\,+\rangle &= \langle +'\mid +\rangle_{\mathrm{e}}\langle -'\mid +\rangle_{\mathrm{p}} = ab \\
\langle -'\,+'\mid +\,+\rangle &= \langle -'\mid +\rangle_{\mathrm{e}}\langle +'\mid +\rangle_{\mathrm{p}} = ba \\
\langle -'\,-'\mid +\,+\rangle &= \langle -'\mid +\rangle_{\mathrm{e}}\langle -'\mid +\rangle_{\mathrm{p}} = b^2
\end{aligned} \tag{12.46}$$

這麼一來，我們就可以將狀態 $\mid +\,+\rangle$ 寫成以下的線性組合：

$$\begin{aligned}
\mid +\,+\rangle = a^2\mid +'\,+'\rangle + ab\{\mid +'\,-'\rangle + \mid -'\,+'\rangle\} \\
+ b^2\mid -'\,-'\rangle
\end{aligned} \tag{12.47}$$

我們注意到 $\mid +'\,+'\rangle$ 只是狀態 $\mid +T\rangle$，同時 $\{\mid +'\,-'\rangle + \mid -'\,+'\rangle\}$ 就是 $\sqrt{2}$ 乘以狀態 $\mid 0\,T\rangle$（見(12.41)式），並且 $\mid -'\,-'\rangle = \mid -\,T\rangle$。換句話說，(12.47)式可以寫成

$$\mid +S\rangle = a^2\mid +T\rangle + \sqrt{2}\,ab\mid 0\,T\rangle + b^2\mid -T\rangle \tag{12.48}$$

同樣的，你可以很容易證明

$$\mid -S\rangle = c^2\mid +T\rangle + \sqrt{2}\,cd\mid 0\,T\rangle + d^2\mid -T\rangle \tag{12.49}$$

對於 $\mid 0\,S\rangle$ 來說，事情稍微複雜一些，因為

$$\mid 0\,S\rangle = \frac{1}{\sqrt{2}}\{\mid +\,-\rangle + \mid -\,+\rangle\}$$

但是，我們能夠把每個狀態 $\mid +\,-\rangle$ 與 $\mid -\,+\rangle$ 表成「加上一撇」的狀態，然後加起來，也就是

$$\begin{aligned}
\mid +\,-\rangle = ac\mid +'\,+'\rangle + ad\mid +'\,-'\rangle + bc\mid -'\,+'\rangle \\
+ bd\mid -'\,-'\rangle
\end{aligned} \tag{12.50}$$

與

$$| - + \rangle = ac \, | +' +' \rangle + bc \, | +' -' \rangle + ad \, | -' +' \rangle \\ + bd \, | -' -' \rangle \tag{12.51}$$

上兩式的和乘以 $1/\sqrt{2}$，就是

$$| 0 \, S \rangle = \frac{2}{\sqrt{2}} \, ac \, | +' +' \rangle + \frac{ad + bc}{\sqrt{2}} \{ | +' -' \rangle + | -' +' \rangle \} \\ + \frac{2}{\sqrt{2}} \, bd \, | -' -' \rangle$$

因此

$$| 0 \, S \rangle = \sqrt{2} \, ac \, | +T \rangle + (ad + bc) \, | 0 \, T \rangle + \sqrt{2} \, bd \, | -T \rangle \tag{12.52}$$

我們已經得到一切所需的機率幅。(12.48)式、(12.49)式與 (12.52) 式的係數正是矩陣元素 $\langle jT \, | iS \rangle$。我們將它們都擺在一起：

$$\langle jT \, | \, iS \rangle = \begin{array}{c} {}_{jT} \downarrow \end{array} \overset{\overset{\displaystyle iS}{\longrightarrow}}{\begin{pmatrix} a^2 & \sqrt{2} \, ac & c^2 \\ \sqrt{2} \, ab & ad + bc & \sqrt{2} \, cd \\ b^2 & \sqrt{2} \, bd & d^2 \end{pmatrix}} \tag{12.53}$$

我們就這樣把自旋 1 粒子變換矩陣，以自旋 1/2 粒子機率幅 a、b、c、d 表示出來。

舉個例子，如果 T 座標系是 S 座標系繞 y 軸旋轉 α 角度，像圖 5-6 所示，則表 12-4 的機率幅就只是表 6-2 的矩陣元素 $R_y(\alpha)$：

$$a = \cos\frac{\alpha}{2}, \qquad b = -\sin\frac{\alpha}{2}$$
$$c = \sin\frac{\alpha}{2}, \qquad d = \cos\frac{\alpha}{2}$$

(12.54)

我們利用(12.53)得到了(5.38)中的公式,那些公式以前並未證明。

然而狀態 $|IV\rangle$ 又如何了呢?它是一個自旋為零的系統,所以只有一個狀態,在**所有座標系中都相同**。我們可以檢驗一切都沒有問題,只要取(12.50)式與(12.51)式的差,就得到

$$|+-\rangle - |-+\rangle = (ad - bc)\{|+'-'\rangle - |-'+'\rangle\}$$

但$(ad - bc)$正是自旋 1/2 矩陣的行列式,所以等於 1 。因此,對於有任何相對取向的兩個座標系而言,我們得到

$$|IV'\rangle = |IV\rangle$$

第13章
晶格中的傳播

13-1 一維晶格中的電子狀態

你或許會在第一眼認為，一個低能量的電子很難通過固態晶體：晶體中的原子一個個堆積在一起，其中心只相差幾埃（Å），對於電子散射而言，原子的有效直徑大約只有一埃左右；換句話說，原子的大小與它們之間的距離相比，算是大的，所以你會期待兩次碰撞之間的平均自由徑（mean free path）大約只是幾埃而已（這個距離可以說是微不足道），因此你的預期是電子幾乎會立即碰上某個原子。

不過，如果晶格是完美的，一個處處可見的自然現象是電子能夠很容易的通過晶體，幾乎就好像它們是在真空中一樣。這個奇怪的現象讓金屬可以輕易導電，同時也導致很多實際裝置，例如，可以模擬真空管的電晶體。電子在真空管中自由的穿過真空，而在電晶體中它們自由的通過晶格。本章將討論電晶體行為背後的機制，下一章則會描述這些原理在各種實際裝置中的應用。

電子在晶體中的傳導是非常尋常的現象的一個例子。其實不僅電子可以通過晶體，其他「東西」，像是原子激發，也能夠以類似的方式通過晶體。所以我們要討論的現象，會以很多方式出現在固態物理的討論中。

你還記得，我們討論過很多雙態系統的例子。設想有一個電子，它可以位於兩個位置中的其中任何一個，每個位置周圍的環境一模一樣。假設讓電子可以從一個位置跳到另一個位置的機率幅不是零；當然，讓電子可以跳回來的機率幅也不是零，事實上這兩個機率幅是相等的，就好像 10-1 節中有關氫分子離子的討論那樣。

這麼一來，量子力學定律就會導致以下的結果：電子有兩個具

有固定能量的狀態，每個狀態可以用電子位於兩個基本位置的機率幅來描述。對於每個固定能量狀態來說，這兩個機率幅的大小不會隨時間而變，而機率幅的相位則會以相同的頻率隨著時間變化。反過來說，如果電子最初是在其中一個位置，它稍後就會跑到另一個位置，更稍後又會盪回到最初的位置。這樣的機率幅很像兩個耦合擺的運動。

現在考慮一個完美的晶格，想像其中的電子可以位於某個原子的「窪坑」裡，並且具有某個能量。假設電子從一處窪坑跑到附近另一個原子的窪坑中的機率幅不是零，這樣子就有點像雙態系統，只是有個額外的麻煩：當電子跑到隔壁的原子以後，它接下來可以繼續跑到另一個原子，也可以回到原先出發的位置。所以這樣的情況其實並不是像**兩個**耦合擺，而是像**無窮多個**擺耦合在一起。它倒是像你在大一物理課中看到用來示範波傳播的裝置，就是一長串的桿子架在扭線上。

如果你有個諧振子，它和另一個諧振子耦合在一起，而那一個諧振子又和另外的諧振子耦合，依此類推；假設一開始在某個地方有些不規則的狀況，則這個不規則的狀況就會沿著一條線以波的形式前進。如果你把一個電子放到一長串原子之中的某個原子上頭，則相同的情形也會發生，電子會沿著這一串原子前進。

通常來說，分析這個力學問題的最簡單方式並不是去想，如果脈衝從某個地方出發，它接下來會如何，而是去考慮穩定波（steady wave）的解：有一些特別的（原子）位移圖樣會以具有單一固定頻率的波的形式在晶體中傳播。對於電子來說，同樣的情況也會出現，而且理由也相同，因為在量子力學中，我們用類似的方程式來描述電子的運動。

但你必須理解一件事：電子在某地方的波幅就只是**機率幅**，而

不是機率。如果電子只是像水流過一個洞那樣從一處漏到另一處，
那麼電子的行為會會完全不一樣。例如說，我們有兩大桶水，它們之
間有一條管子，可以讓水從一個桶子漏到另一個桶子，那麼兩個水
平面就會指數式的相互接近。但是對於電子來說，我們談論的是機
率幅滲漏，並不是機率滲漏；而虛數項，也就是量子力學微分方程
式中的 i 會讓指數函數解變成振盪函數解。所以電子運動的情況和
相連的水桶間的滲漏行為很不一樣。

　　我們現在就定量的來分析量子力學的狀況。首先想像一個由一
長串原子所組成的一維系統，如圖 13-1(a) 所示。（晶體當然是個
三維系統，但物理基本上是一樣的；只要你瞭解了一維的情形，三
維的情形也就可以瞭解。）接下來，我們想知道的是，如果把一個

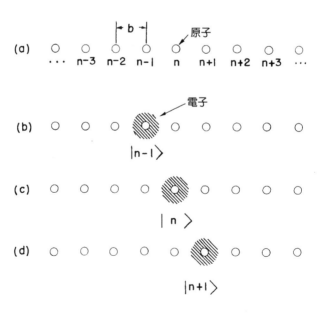

圖 13-1　電子在一維晶體中的基底狀態

電子放到這一串原子上面，會發生什麼事？當然，在實際的晶體裡已經有了數百萬個電子，但是它們大多數（對於絕緣體而言，幾乎是所有的電子）會以某種方式繞著自己的原子運動，所以一切都相當穩定。可是我們想瞭解的是，如果放進一個**額外的**電子則會如何？我們不會考慮其他的電子在做什麼，因為我們假設必須花很大的激發能，才可能改變它們的運動。我們加入一個電子的後果，就好像是產生了一個稍微束縛的負離子；因為我們只在意**這一個**額外電子，所以我們所取的近似就是忽略原子內部運作的機制。

這一個電子當然可以跑到另一個原子，也就是把負離子轉移到另一個地方。我們假設有某個機率幅，可以讓電子從一個原子跳到隔鄰任意一邊的原子，就好像電子在兩個質子之間跳躍的那個例子一樣。

好了，我們現在該如何描述這樣的系統？什麼是合理的基底狀態？你如果還記得我們在只有兩個可能位置時的做法，就應該可以猜出如何進行。假設原子間的距離全部相等，同時依順序將原子編號，如圖 13-1(a) 所示。電子位於 6 號原子的位置就是一個基底狀態，另一個基底狀態是電子位於 7 號原子，或 8 號原子等等。第 n 個基底狀態所代表的就是電子在第 n 號原子的位置，我們稱這樣的基底狀態為 $|n\rangle$。圖 13-1 顯示了我們所定義的三個基底狀態：

$$|n-1\rangle, \quad |n\rangle \quad 及 \quad |n+1\rangle$$

我們一維晶體的任何狀態 $|\phi\rangle$ 可以利用這些基底狀態來描述：我們只要寫下 $|\phi\rangle$ 位於基底狀態的所有機率幅 $\langle n|\phi\rangle$，也就是電子位於某一個特定原子位置的機率幅。這麼一來，狀態 $|\phi\rangle$ 就可以寫成基底狀態的疊加：

$$|\phi\rangle = \sum_n |n\rangle\langle n|\phi\rangle \qquad (13.1)$$

其次，我們要假設，如果電子位於某個原子，則有某個機率幅可以讓電子滲漏到隔鄰任意一邊的原子。而且我們只會考慮最簡單的情形：電子僅能滲漏到最鄰近的原子，如果要跑到次鄰近的原子，它必須走兩步，而不能一步到位。假設電子從一個原子跳到下一個原子的機率幅是 $iA/\hbar$（每單位時間）。

從現在起，我們要把在第 n 個原子的機率幅 $\langle n|\phi\rangle$ 寫成 C_n，那麼(13.1)式就成為

$$|\phi\rangle = \sum_n |n\rangle C_n \qquad (13.2)$$

如果我們知道在某個時刻的機率幅 C_n，就可以取它們的絕對值平方，而得到你在那時刻發現電子位於第 n 個的機率。

可是過了一會兒之後，又如何呢？用以前討論過的雙態系統做類比，我們會認為這個系統的哈密頓方程式應該是由以下的方程式所組成：

$$i\hbar \frac{dC_n(t)}{dt} = E_0 C_n(t) - AC_{n+1}(t) - AC_{n-1}(t) \qquad (13.3)$$

右邊的第一個係數 E_0 是電子的能量，如果它不會滲漏到別的原子去。（E_0 是什麼其實不重要；我們已經看過好多次了，它只是代表我們所選擇的能量零點。）下一項代表每單位時間電子從第 n + 1 個窪坑滲漏到第 n 個窪坑的機率幅；最後一項則是電子從第 n － 1 個窪坑滲漏過來的機率幅。和往常一樣，我們假設 A 是常值（與時間 t 無關）。

如果要完整描述任意狀態 $|\phi\rangle$，對於每一個機率幅 C_n 來說，我們必須有一個類似(13.3)的方程式。既然我們要考慮的是有很多

原子的晶體，我們就假設有無窮多個狀態，電子在任一方向都可以無止盡的走下去。（如果要考慮有限個原子的情況，我們必須特別注意端點的情形。）如果基底狀態的數目 N 是沒有止盡的，那麼完整哈密頓方程式的數目就是無窮大！我們只寫下幾個例子：

$$\vdots \qquad\qquad \vdots$$

$$i\hbar \frac{dC_{n-1}}{dt} = E_0 C_{n-1} - A C_{n-2} - A C_n$$

$$i\hbar \frac{dC_n}{dt} = E_0 C_n - A C_{n-1} - A C_{n+1} \qquad (13.4)$$

$$i\hbar \frac{dC_{n+1}}{dt} = E_0 C_{n+1} - A C_n - A C_{n+2}$$

$$\vdots \qquad\qquad \vdots$$

13-2 具有明確能量的狀態

關於晶格中的電子，可以討論的事情很多，不過我們首先要找出具有明確能量的狀態。我們已經在前幾章學過，這代表我們必須找到一種解，其中的機率幅全部以相同的頻率隨著時間變化，如果它們會隨著時間而變的話。我們要找的解有以下的形式：

$$C_n = a_n e^{-iEt/\hbar} \qquad (13.5)$$

其中的複數 a_n 代表（在第 n 個原子處發現電子的）機率幅中不隨時間而變的部分。如果將這個試探解（trial solution）代入(13.4)式，我們會得到

$$E a_n = E_0 a_n - A a_{n+1} - A a_{n-1} \qquad (13.6)$$

我們得用無窮多個這樣的方程式，來求出無窮多個未知數 a_n，這是滿嚇人的。

我們現在只要算出行列式……但是等一下！如果只有兩個、三個或四個方程式，行列式的計算不會有問題，但是如果有很多個方程式，甚至是無窮多個，行列式就不容易計算。我們最好試著直接解方程式。首先，我們用原子的**位置**來標定原子。我們說第 n 個原子的位置是 x_n，第 $n + 1$ 個原子的位置是 x_{n+1}。如果原子間的距離是 b（見圖 13-1），則 $x_{n+1} = x_n + b$。假設原點的位置是在第零個原子處，我們甚至可以有 $x_n = nb$。我們可以將(13.5)式寫成

$$C_n = a(x_n)e^{-iEt/\hbar} \tag{13.7}$$

則(13.6)式就變成

$$Ea(x_n) = E_0 a(x_n) - Aa(x_{n+1}) - Aa(x_{n-1}) \tag{13.8}$$

或者，利用 $x_{n+1} = x_n + b$，上式也可以寫成

$$Ea(x_n) = E_0 a(x_n) - Aa(x_n + b) - Aa(x_n - b) \tag{13.9}$$

這個方程式有一點類似微分方程式。它的意思是有一個量 $a(x)$，它在某一處(x_n)的值，和它在隔鄰$(x_n \pm b)$的值有關係。（微分方程式則是把一個函數在某一點的值，與這個函數在無窮近鄰近點的值聯繫起來。）說不定我們用來解微分方程式的方法也適用於這裡，就讓我們試一試。

有固定係數的線性微分方程式永遠可以用指數函數來解。在這裡，我們也用同樣的函數試看看：我們使用以下的試探解

$$a(x_n) = e^{ikx_n} \tag{13.10}$$

則(13.9)式就變成

$$Ee^{ikx_n} = E_0 e^{ikx_n} - Ae^{ik(x_n+b)} - Ae^{ik(x_n-b)} \qquad (13.11)$$

把上式除以共同因子 e^{ikx_n}，就得到

$$E = E_0 - Ae^{ikb} - Ae^{-ikb} \qquad (13.12)$$

最後兩項等於 $(2A \cos kb)$，所以

$$E = E_0 - 2A \cos kb \qquad (13.13)$$

對於**任意的**常數 k，我們已經找到一個解，它的能量就是(13.13)式。依據 k 的不同，我們有各種可能的能量，每一個 k 值對應到一個不同解。解的數目為無窮大，這不令人驚訝，因為一開始基底狀態的數目就是無窮大。

我們來看看這些函數的意義。對於每個 k 來說，我們可以從(13.10)式得到 a，機率幅 C_n 就等於

$$C_n = e^{ikx_n} e^{-(i/\hbar)Et} \qquad (13.14)$$

你應該記得能量 E 也取決於 k（從(13.13)式）。機率幅在**空間中變化**的情形是 e^{ikx_n}。當我們從一個原子跑到另一個，這個機率幅會隨著振盪。

我們的意思是在空間中，機率幅是一種**複數**振盪，它的**大小**是固定的，在每一個原子位置上的絕對值都一樣。但是機率幅在相鄰原子位置上的相位則會相差 (ikb)。我們可以這麼想像：垂直線段代表機率幅的實數部分，橫軸代表原子的位置（見次頁的圖 13-2），這些垂直線的包絡線（虛線曲線）當然是餘弦曲線。C_n 的虛數部分也是振盪函數，但是相位差了 90°，所以絕對值的平方（即實部

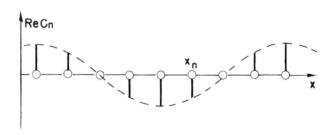

圖 13-2　C_n 的實部在不同 x_n 位置的變化

的平方加上虛部的平方）對於所有的 C_n 而言都是一樣的。

　　因此一旦我們挑選了一個 k，就會得到具有某個特定能量 E 的穩定態。對於任何這樣的狀態來說，在每個原子處發現電子的機率都相同，電子不會偏好那個原子。對於不同的原子來說，只有相位是不同的。而且隨著時間流逝，相位也會改變。從(13.14)式可知，機率幅的實部與虛部在晶體中以波的形式傳播，也就是說，以

$$e^{i[kx_n-(E/\hbar)t]} \tag{13.15}$$

的實部或虛部所表示的波前進。波可以朝正 x 或負 x 方向傳播，依我們所挑的 k 的正負號而定。

　　請注意，到目前為止，我們一直假設放進試探解(13.10)式中的 k 值是實數。如果有無窮多個原子，我們現在就可以瞭解為什麼 k 必須得是這樣。假設 k 是虛數，譬如 ik'，那麼 a_n 就會等於 $e^{k'x_n}$；這意味著如果 k' 是正值，則當 x_n 愈來愈大，振幅就會愈來愈大（如果 k' 是負值，當 $-x_n$ 愈來愈大，振幅也會愈來愈大）。如果原子數目是有限的（即這一串原子會中止），這樣的解沒有問題，可以接受；但如果原子數目是無限的，這種會變大的解就是沒有物理意義的

解，它會導致無窮大的機率幅，亦即無窮大的機率，所以不可能代表真實的情況。稍後我們會看到一個例子，其中的 k 可以是虛數。

(13.13)式描述了能量 E 與波數 k 的關係，我們把它畫成圖 13-3。你可以從圖中看出能量在 $k = 0$ 時等於 $(E_0 - 2A)$，在 $k = \pm \pi/b$ 時等於 $(E_0 + 2A)$。在畫圖的時候，我們假設 A 是正的。如果 A 是負的，圖中的曲線會倒過來，但範圍還是一樣。重要的事情是，在某個範圍內，或者說在某個能量「帶」之內，任何能量都是可能的；除此之外則不可能。根據我們的假設，如果晶體內的電子是處於定態，它的能量不可能落在這個能量帶以外。

根據(13.13)式，最小的 k 對應到低能量狀態 $E \approx E_0 - 2A$。當 k 的絕對值增大（無論 k 是正值或是負值），能量最初也會跟著增大，但是到了 $k = \pm \pi/b$ 時，能量就抵達最高值，如圖 13-3 所示。如果 k 大過 π/b，能量會再次往下掉。然而我們其實不必擔心這種 k 值，因為它們並不代表新的狀態，它們只是重複原先較小 k 值的狀

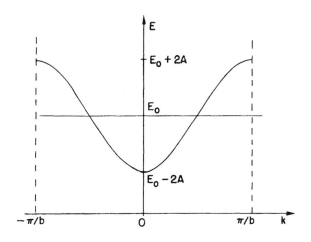

圖 13-3 定態的能量，函數的變數是參數 k。

態。我們可以這麼來看：考慮 $k = 0$ 時的最低能量態，係數 $a(x_n)$ 對於所有的 x_n 來說都是一樣的；我們在 $k = 2\pi/b$ 也會得到同樣的能量。我們從(13.10)式知道這麼一來

$$a(x_n) = e^{i(2\pi/b)x_n}$$

可是如果取 x_0 為原點，則 $x_n = nb$ ，那麼 $a(x_n)$ 就變成

$$a(x_n) = e^{i2\pi n} = 1$$

所以這些 $a(x_n)$ 所描述的狀態在物理上和 $k = 0$ 的狀態是一樣的，它並不代表另一種不同的狀態。

另一個例子是：假設 $k = -\pi/4b$ ，則 $a(x_n)$ 的實部會如圖 13-4 中的曲線 1 那般的變化；如果 k 變成 7 倍大（$k = 7\pi/4b$），那麼 $a(x_n)$ 的實部的變化情形就如圖中的曲線 2 所示。（完整的餘弦曲線當然沒有什麼意義，重要的是它們在點 x_n 的值。這些曲線只是用來幫你看清到底怎麼一回事。）你現在可以瞭解對於所有的 x_n 而言，兩種 k 值會得到同樣的機率幅。

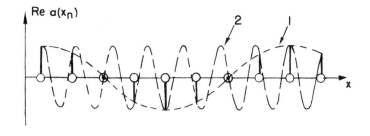

圖 13-4　代表相同物理狀況的兩個 k 值。曲線 1 對應到 $k = -\pi/4b$ ，曲線 2 對應到 $k = 7\pi/4b$ 。

　　總之，即使只讓 k 在某個範圍之內，我們還是可以得到所有的可能解。我們所選擇的範圍是介於 $-\pi/b$ 和 π/b，也就是圖 13-3 的範圍。在這個範圍內，如果 k 的絕對值增加，定態的能量也會隨著增加。

　　這裡附帶一提，你可以玩玩的東西。假設電子不僅能夠以 $iA/\hbar$ 的機率幅跳到最鄰近的原子，它還能夠以 $iB/\hbar$ 的機率幅一步就直接跳到**次鄰近**的原子；你會發現方程式的解仍然可以寫成 $a_n = e^{ikx_n}$ 的形式，這種類型的解是處處通用的；你也會發現，波數為 k 的定態所具有的能量等於$(E_0 - 2A \cos kb - 2B \cos 2kb)$。這顯示能量 E 隨 k 變化的曲線形狀並沒有普適性，而是取決於問題中特定的假設。這條曲線並不永遠是餘弦波，它甚至不一定對於某條水平線而言是對稱的。可是這條曲線在 $-\pi/b$ 到 π/b 的範圍之外永遠重複自己，所以你永遠不必擔心在那範圍之外的 k 值。

　　我們更仔細的看看 k 很小的情形，也就是機率幅從某 x_n 到 x_{n+1} 變化很慢的情形。假設我們所選擇的能量零點使得 $E_0 = 2A$，那麼圖 13-3 中曲線的極小值就是零。如果 k 夠小，我們可以這麼寫

$$\cos kb \approx 1 - k^2 b^2/2$$

則(13.3)式的能量變成

$$E = Ak^2 b^2 \tag{13.16}$$

所以，狀態的能量與波數的平方成正比（波數所描述的是機率幅 C_n 在空間上的變化）。

13-3　含時狀態

　　在這一節中，我們要更細膩的討論一維晶格中狀態的行為。如果電子位於 x_n 的機率幅是 C_n，那麼我們在 x_n 發現電子的機率就會是 $|C_n|^2$。對於以(13.14)式所描述的**定態**來說，在所有 x_n 處發現電子的機率都相等，而且不會隨時間改變。如果我們想描述一個帶有某些能量、也落在某個區域之內的電子（也就是說電子比較容易出現在某些地方），我們該怎麼表示這種情形呢？我們可以把具有稍微不同 k 值（也就是稍微不同的能量）的幾個解，如(13.14)式，疊加起來，那麼起碼在 $t = 0$，機率幅 C_n 會隨著位置而變。造成這種情況的原因是各個項之間有干涉，就好像如果把不同波長的波混合起來會得到「拍」（beat）的現象（我們在第 I 卷第 48 章討論過這種情況）。所以我們能夠以波數 k_0 為主，加上 k_0 附近的各種其他波數*，而建構出一個「波包」（wave packet）。

　　當我們把各個定態疊加起來，不同 k 值的機率幅代表能量稍微不同，也就是頻率稍微不同的狀態，因此全部 C_n 的干涉圖像也會隨著時間而變，於是「拍」的現象會出現。我們在第 I 卷第 48 章中看過拍的頂點（即 $|C(x_n)|^2$ 很大的地方）會沿著 x 前進，我們把前進的速率稱為「群速度」（v_{group}）。我們發現群速度與 k 隨著頻率的變化有關：

$$v_{\text{group}} = \frac{d\omega}{dk} \tag{13.17}$$

相同的推導在這裡也適用。一個「團」狀的電子狀態，亦即 C_n 在

＊原注：如果我們並不想造出太窄的波包。

空間中的變化就像是圖 13-5 的波包會沿著一維「晶體」前進，前進的速率 v 等於 $d\omega/dk$，其中的 $\omega = E/\hbar$(。利用(13.16)式來計算群速度可得

$$v = \frac{2Ab^2}{\hbar} k \qquad (13.18)$$

換句話說，電子前進的速率與典型的 k 成正比。這麼一來，(13.16)式的意思就變成電子的能量正比於速率的平方，**這正是古典粒子的行為**！一旦我們看東西的標度足夠粗略，以致於看不到細微的結構，量子力學就會開始得到和古典物理一樣的結果。事實上，把(13.18)式代入(13.16)式後，所得到的式子可以寫成

$$E = \tfrac{1}{2}m_{\text{eff}} v^2 \qquad (13.19)$$

其中的 m_{eff} 是常數。以波包形式前進的電子有「運動能量」，這個能量與速度的關係正和古典粒子一樣。常數 m_{eff} 也稱為「有效質

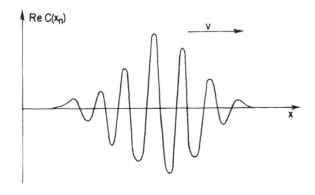

圖 13-5　由幾個有類似能量的狀態所疊加出來的機率幅 $C(x_n)$ 的實部函數，變數是 x。（原子間距離的 b 就圖上 x 的標度而言非常小。）

量」，它等於

$$m_{\text{eff}} = \frac{\hbar^2}{2Ab^2} \qquad (13.20)$$

也請注意我們有以下的式子：

$$m_{\text{eff}} \, v = \hbar k \qquad (13.21)$$

如果把 $m_{\text{eff}} \, v$ 稱爲「動量」，它和波數 k 的關係正好和以前討論過的自由粒子一樣。

千萬記得 m_{eff} 與電子的眞實質量沒有任何關係。兩者的值可能非常不一樣，雖然在眞實的晶體中，m_{eff} 常常和電子的自由空間質量大致上有相同的數量級，m_{eff} 大約是電子質量的 2 到 20 倍。

我們現在已經解釋了一個重要的謎，儘管晶體中的電子（像鍺中的一個額外電子）必須撞上所有的原子，它如何能夠沒有阻力的通過晶體？它的方法是讓從一個原子跳到另一個原子的機率幅嗶嗶嗶的持續下去，一直到通過整個晶體。這就是固體如何能傳導電。

13-4　三維晶格中的電子

我們先看一下如何用同樣的點子來理解三維電子的行爲。結果其實很類似。假設有個原子的矩形晶格，三個方向的晶格間隔是 a、b、c。（如果你所要的是立方晶格，讓三個晶格間隔相等就好。）同時假設電子在 x 方向跳到隔壁的機率幅是 $(iA_x/\hbar)$，在 y 方向跳到隔壁的機率幅是 $(iA_y/\hbar)$，在 z 方向跳到隔壁的機率幅是 $(iA_z/\hbar)$。不過我們該如何描述基底狀態？和一維的情形類似，電子位於某個原子上就是一個基底狀態。假設這個原子的位置是 x、

y、z，而(x, y, z)就是晶格點之一。如果將原點選在某個原子的位置，則這些晶格點的位置就是

$$x = n_x a, \qquad y = n_y b \qquad 及 \qquad z = n_z c$$

其中 n_x、n_y、n_z 是任意三個整數。我們將不用下標來表示這些點，而只用 x、y、z，但是我們必須記得它們的值只在晶格點上。所以我們用符號 $|$電子在 $x, y, z\rangle$ 來代表基底狀態，而處於某個狀態 $|\psi\rangle$ 的電子會位於這個基底狀態的機率幅就是 $C(x, y, z) = \langle$電子在 $x, y, z \mid \psi\rangle$。

和以前一樣，機率幅 $C(x, y, z)$ 可能會隨時間改變。在我們的假設之下，哈密頓方程式應該是這個樣子：

$$
\begin{aligned}
i\hbar \frac{dC(x, y, z)}{dt} = {} & E_0 C(x, y, z) - A_x C(x + a, y, z) - A_x C(x - a, y, z) \\
& - A_y C(x, y + b, z) - A_y C(x, y - b, z) \\
& - A_z C(x, y, z + c) - A_z C(x, y, z - c)
\end{aligned}
$$

$$(13.22)$$

它看起來很長，但是你可以看出每一項的來歷。

我們還是要試著找定態解，這種解其中的 C 全部以相同的方式隨著時間而變。和以前一樣，解是指數函數：

$$C(x, y, z) = e^{-iEt/\hbar} e^{i(k_x x + k_y y + k_z z)} \qquad (13.23)$$

如果將上式代入(13.22)式，你會看到它的確是一個解，只要能量 E 與 k_x、k_y、k_z 的關係是

$$E = E_0 - 2A_x \cos k_x a - 2A_y \cos k_y b - 2A_z \cos k_z c \qquad (13.24)$$

能量現在取決於**三個**波數 k_x、k_y、k_z，而這些波數剛好就是一個

三維向量 k 的分量。事實上，我們可以用向量記號把(13.23)式寫成

$$C(x, y, z) = e^{-iEt/\hbar}e^{i k \cdot r}$$ (13.25)

所以機率幅的變化就像是三維空間中的複數**平面波**，往 k 的方向前進，波數是 $k = \sqrt{k_x^2 + k_y^2 + k_z^2}$。

這些定態的能量取決於 k 的三個分量，(13.24)式顯示了它們的複雜關係。E 隨著 k 變化的情形得看 A_x、A_y、A_z 的大小與相對正負號。如果這三個數字都是正的，而且我們只對於小的 k 值感興趣，則它們的關係相對而言是簡單的。

和以前一樣的把餘弦項展開來。之前我們得到了(13.16)式，現在我們得到

$$E = E_{最小} + A_x a^2 k_x^2 + A_y b^2 k_y^2 + A_z c^2 k_z^2$$ (13.26)

對於晶格間隔為 a 的簡單立方晶格來說，我們期待 A_x、A_y、A_z 這三個係數會相等，並稱它們為 A。如此一來，我們得到

$$E = E_{最小} + A a^2 (k_x^2 + k_y^2 + k_z^2)$$

或者說

$$E = E_{最小} + A a^2 k^2$$ (13.27)

這很像(13.16)式。依據前面的論證，我們會認為，一個三維的電子波包（由很多能量幾乎相等的狀態疊加起來組成的）的運動，也是像具有某有效質量的古典粒子。

如果晶格的對稱性比立方晶格來得低（或甚至還是立方晶格，只是其中每個原子的電子狀態不是對稱的），那麼 A_x、A_y、A_z 這三個係數就不相等。這麼一來，局限在一小範圍內的電子的「有效

質量」就會**取決於運動的方向**。例如，電子在 x 方向上運動的慣性不等於在 y 方向上運動的慣性。（為了描述這種情況，我們有時會使用「有效質量張量」。）

13-5 晶格中的其他狀態

根據(13.24)式，我們所談論的電子狀態的能量，只可以出現在某些能量「帶」之中，這些能量帶的範圍介於最小能量

$$E_0 - 2(A_x + A_y + A_z)$$

與最大能量

$$E_0 + 2(A_x + A_y + A_z)$$

之間。其他的能量也有可能，但是它們屬於另一類的電子狀態。就前面已經討論過的狀態而言，我們所想像的基底狀態是電子處於晶格原子的某狀態中，譬如說最低能態。

考慮空間中的一個原子，加一個電子到原子裡，就得到一個離子。離子形成的方式有很多種。電子可以進入最低能態，也可以進入離子很多可能的「受激態」之一；這些受激態有高於最低能量的明確能量。在晶格中，同樣的事情也會發生。假設我們前面所挑選的能量 E_0，所對應的基底狀態是離子的最低能態。我們也可以想像一組新的基底狀態，其中電子以不同的方式位於第 n 個原子之上（例如處於離子的受激態之一），所以能量 E_0 現在就比較高。和以前一樣，有某個機率幅 A（和以前的不同）可以讓電子從一個原子的受激態跳到隔壁原子的相同受激態上。接下來的分析會和以前一樣；我們發現新的能量帶，但是中心能量會比較高。一般而言，有

很多這樣的能量帶，分別對應到不同的激發態。

還有其他的可能性：或許有些機率幅能讓電子從一個原子的受激態跳到另一個原子的基態（未受激態）上。（這種情形稱為能帶間的交互作用。）一旦考慮更多的能帶，同時加進描述不同狀態間滲漏的更多係數，數學理論就變得愈來愈複雜。不過我們並不需要新的點子，我們建構方程式的方式與前面比較簡單的情形相比，基本上是一樣的。

我們必須提一下，關於出現在理論中的各種係數（例如機率幅 A），再也沒有什麼太多可以說的了。通常來說，這些係數很難計算。實際的情況下，我們在理論上對於這些係數所知不多，所以對於任何特定的真實例子來講，我們只能用由實驗所決定的值。

另外還有一些情況，其中的物理與數學幾乎和電子在晶格中的運動一樣，只是運動的「物體」很不一樣。例如，假設原來的晶格（或者說線性晶格）是一排的中性原子，每個原子都有一個稍微受束縛的外層電子。如果我們想拿開一個電子，哪一個原子會失去電子？C_n 現在代表的是位於 x_n 的原子**失去**一個電子的機率幅。一般來講，會有某個機率幅 $iA/\hbar$ 可以讓隔壁原子，例如第$(n-1)$個原子的電子跳到第 n 個原子，使得第$(n-1)$個原子失去電子。換句話說，有一個機率幅 A 讓「失去的電子」從第 n 個原子跳到第$(n-1)$個原子。

你可以看出來方程式會和以前完全一樣─當然，A 的值不必然和以前一樣。再次的，我們會得到同樣的能階公式，也會得到同樣的機率「波」以(13.18)式的群速度通過晶格，也有同樣的有效質量公式等等；只是現在的波所描述的是**失去的電子**（或稱為「電洞」）的行為。所以一個「洞」就像是一個有某個質量 m_{eff} 的粒子。你也可以理解這個粒子像是帶正電荷的粒子。我們在下一章中會進一步

討論這種洞的行為。

　　另一個例子：想像一排相同的**中性**原子，讓其中一個進入受激態的情形，亦即它的能量高過平常的基態能量。假設 C_n 是第 n 個原子受激發的機率幅。這個原子可以和鄰近的原子交互作用，將額外的能量轉移給隔鄰的原子，然後回歸到基態。我們稱這個過程的機率幅為 $iA/\hbar$。你可以看出我們又碰到同樣的數學，只是現在會運動的物體是稱為**激子**（exciton）的東西。它的行為像是通過晶格的中性「粒子」，帶有激發能量。某些生物過程，例如視覺或光合作用（photosynthesis），可能會牽涉到這種運動。有人猜視網膜吸收光之後會產生一個「激子」，激子在穿過某種週期結構後（例如我們在第 I 卷第 36 章中描述的視桿細胞層次結構；見第 I 卷圖 36-5），會在某個特別的位置被收集起來，聚集的能量就用來誘發化學反應。

13-6 晶格缺陷造成的散射

　　我們現在要考慮的是單一個電子在不完美晶格中的情形。先前的分析說完美的晶格有完美的導電性，電子可以不受阻力的滑過晶格，就好像通過真空一樣。可以阻止電子永遠跑下去的最重要因素之一，是晶格中的缺陷或不規則。舉個例子，假設晶體中某個地方少了一個原子；又例如某人在某個原子的位置放錯了原子，以致於那裡和其他的位置不一樣，譬如能量 E_0 或機率幅 A 可能不相同。在這種情況下，我們該如何描述會發生什麼事？

　　為了明確起見，我們回到一維的情形，並且假設第「0」號原子是個「雜質」原子，所以有不同於其他原子的 E_0 值。我們稱這個能量為 $(E_0 + F)$。那麼到底會發生什麼事？當電子到達「0」號原子，它有某個機率會反向散射。如果一個波包在前進，並抵達有點

不一樣的地方，一部分的波會繼續往前進，有一些波會反彈回來。
這樣的情況用波包相當難以分析，因為一切都會隨時間而變。如果
用定態解來分析會比較容易，所以我們用定態解。我們會發現這些
定態是由連續波組成的，這些連續波有透射與反射的部分。在三維
中，我們稱反射的部分為散射波，因為它會在各個方向散開來。

我們從一組類似(13.6)式的方程式開始，除了對於 $n = 0$ 而言，
方程式與其他的不同。對應到 $n = -2$、-1、0、1、2 的五個方
程式是：

$$\vdots \qquad\qquad \vdots$$
$$Ea_{-2} = E_0 a_{-2} - A a_{-1} - A a_{-3}$$
$$Ea_{-1} = E_0 a_{-1} - A a_0 - A a_{-2}$$
$$Ea_0 = (E_0 + F) a_0 - A a_1 - A a_{-1} \qquad (13.28)$$
$$Ea_1 = E_0 a_1 - A a_2 - A a_0$$
$$Ea_2 = E_0 a_2 - A a_3 - A a_1$$
$$\vdots \qquad\qquad \vdots$$

當然還有其他 $|n|$ 大於2的方程式，它們看起來就像(13.6)式。

對於一般的情況來講，我們其實應該用不同的 A 來代表電子跳
到或跳離第「0」號原子的機率幅；但是所有的 A 都相同的簡單例
子，已經具備了最後結果的主要特徵。

除了「0」號原子的方程式之外，對於所有的方程式而言，我
們仍然可以把(13.10)式當成一個解。但這個解不適用於「0」號原
子的方程式，我們需要一個用以下方法建構出來的不同解。(13.10)
式代表往正 x 方向前進的波，其實往負 x 方向前進的波也是一樣好
的解。這樣的解可以寫成

$$a(x_n) = e^{-ikx_n}$$

(13.6)式最一般性的解會是一個正向波（forward wave）與一個反向波（backward wave）的組合，也就是

$$a_n = \alpha e^{ikx_n} + \beta e^{-ikx_n} \qquad (13.29)$$

這個解代表一個複數波，其中往 $+x$ 方向前進的振幅是 α，往 $-x$ 方向前進的振幅是 β。

現在看一下我們這個新問題的方程組——(13.28)式以及其他原子的方程式。如果 $n \leq -1$，(13.29)式滿足一切牽涉到 a_n 的方程式，條件是 k 和 E、晶格間隔 b 的關係是

$$E = E_0 - 2A \cos kb \qquad (13.30)$$

這個解的物理意義是，振幅為 α 的「入射」波從左邊接近「0」號原子（「散射體」），同時振幅為 β 的「散射」波或「反射」波往後向左走。我們可以把入射波的振幅 α 設為1，而不影響結果的一般性。這麼一來，一般而言，振幅 β 是一個複數。

如果 $n \geq 1$，前面所談的一切對於 a_n 的解也都成立，只是係數可能不同；因此我們會有以下的解

$$a_n = \gamma e^{ikx_n} + \delta e^{-ikx_n}, \text{ 對於 } n \geq 1 \qquad (13.31)$$

其中的 γ 是向右行的波的振幅，而 δ 是向左行的波的振幅。我們要考慮的**物理**狀況是波最初只從左邊進來，而在散射體（即雜質原子）右邊只有「透射」波，所以我們想要找 $\delta = 0$ 的解。以下的試探解

$$a_n \text{ (for } n < 0) = e^{ikx_n} + \beta e^{-ikx_n}$$
$$a_n \text{ (for } n > 0) = \gamma e^{ikx_n} \qquad (13.32)$$

可以滿足所有 a_n 的方程式，除了(13.28)中間三個方程式之外。圖

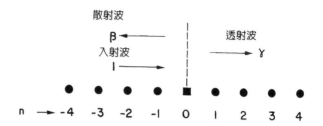

圖13-6　一維晶格中的波。圖中的晶格有一個「雜質」原子在 $n = 0$ 的
　　　　位置。

13-6顯示了我們所談的情況。

　　將(13.32)式中 a_{-1} 與 a_{+1} 的式子代入(13.28)中間三個方程式，我
們可以解出 a_0 以及兩個係數 β 和 γ。這樣我們就找到完全解（com-
plete solution）了。令 $x_n = nb$，我們必須解以下三個方程式：

$$(E - E_0)\{e^{ik(-b)} + \beta e^{-ik(-b)}\} = -A\{a_0 + e^{ik(-2b)} + \beta e^{-ik(-2b)}\}$$
$$(E - E_0 - F)a_0 = -A\{\gamma e^{ikb} + e^{ik(-b)} + \beta e^{-ik(-b)}\}$$
$$(E - E_0)\gamma e^{ikb} = -A\{\gamma e^{ik(2b)} + a_0\}$$

$$(13.33)$$

　　請記得，(13.30)式將能量 E 表示成 k 的函數。如果把 E 的這個
值代入上面的方程式中，並且記得 $\cos x = \frac{1}{2}(e^{ix} + e^{-ix})$，你就會從
第一個方程式得到

$$a_0 = 1 + \beta \qquad (13.34)$$

並從第三個方程式得到

$$a_0 = \gamma \qquad (13.35)$$

如果要這兩個結果不相牴觸，就必須有

$$\gamma = 1 + \beta \tag{13.36}$$

這個式子的意思是，透射波（γ）只是原先入射波（1）再加上和反射波相等的波（β）。這並非永遠是對的，而是剛好只適用於一個原子的散射而已。如果有一堆雜質原子，那麼加到向前波的量不必然和反射波一樣。

我們可以從(13.33)式裡頭中間的方程式，得到反射波振幅 β：我們發現

$$\beta = \frac{-F}{F - 2iA \sin kb} \tag{13.37}$$

如果晶格只有一個不尋常的原子，我們已經找到這種情況的完全解。

你或許或覺得奇怪，透射波怎麼會「多」過入射波？（(13.34)式似乎是這麼說的！）可是請記得，β 和 γ 是複數，而且波中粒子的數目（或者說，發現一個粒子的機率）是正比於機率幅的絕對值平方。事實上，我們有「電子守恆」，只要以下的條件成立：

$$|\beta|^2 + |\gamma|^2 = 1 \tag{13.38}$$

你可以證明，對於我們的解來說，這個條件是成立的。

13-7 被晶格缺陷所陷捕

如果 F 這個數是負的，那麼就還有另一種有趣的情況：假設位於雜質原子（在 $n = 0$）上的電子的能量比其他地方的電子來得更

低，那麼電子可能會被這個雜質原子所捕捉。也就是說，如果$(E_0 + F)$比能帶最低點$(E_0 - 2A)$更低，則電子可能會被「陷」在一個能量$E < E_0 - 2A$的狀態。我們目前的做法不可能得到這樣的狀況；不過，如果我們允許(13.10)式的試探解有虛數的k，就可以得到這樣的解。令$k = i\kappa$。再次的，對於$n < 0$與$n > 0$而言，我們可能有不同的解。如果$n < 0$，一個可能的解或許是

$$a_n \text{（對於 } n < 0） = ce^{+\kappa x_n} \qquad (13.39)$$

我們必須在指數取正號而非負號，不然如果n是負的且絕對值很大，振幅就會變得無止盡的大。同樣的，$n > 0$的一個可能解會是

$$a_n \text{（對於 } n > 0） = c'e^{-\kappa x_n} \qquad (13.40)$$

　　如果將這些試探解代入(13.28)式，那麼除了中間三個式子之外，試探解會滿足其他的式子，只要以下的式子成立即可：

$$E = E_0 - A(e^{\kappa b} + e^{-\kappa b}) \qquad (13.41)$$

既然兩項指數項的和永遠大於2，這個能量會低於一般的能帶，這正是我們要找的！(13.28)式中剩下的三個式子也可以滿足，只要$a_0 = c = c'$，而且我們選擇適當的κ使得

$$A(e^{\kappa b} - e^{-\kappa b}) = -F \qquad (13.42)$$

把這個方程式與(13.41)式結合起來，我們可以找出入陷電子的能量，答案是

$$E = E_0 - \sqrt{4A^2 + F^2} \qquad (13.43)$$

入陷電子有一個獨特的能量，比傳導帶稍微低一些。

　　請注意，(13.39)式與(13.40)式中的機率幅並**沒有說**，入陷電子
正好就位於雜質原子上。在鄰近原子發現電子的機率是這些機率幅
的平方。如果選擇了某種特定的參數，機率的變化可能會如圖 13-7
的條狀圖所示。發現電子位於雜質原子上的機率是最大的。一離開
雜質原子，機率隨著距離呈指數下降。這是另一種「勢壘穿透」
（barrier penetration）的例子。從古典物理的觀點來看，電子並沒有足
夠的能量逃離雜質原子。但是在量子力學裡，它可以滲漏出來一點
點。

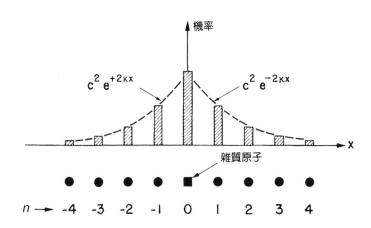

圖 13-7　在陷捕雜質原子附近發現入陷電子的相對機率

13-8 散射機率幅與束縛態

　　最後，我們的例子可以用來示範近來在高能粒子物理中很有用
的想法。這個想法牽涉到散射機率幅與束縛態之間的關係。假設我

們透過實驗與理論分析，已經發現 π 介子從質子散射出來的方式，然後人們發現了一個新粒子，有人懷疑這個新粒子可能只是由 π 介子和質子結合而成的某種束縛態（就好像電子與質子結合成氫原子）。所謂束縛態的意思是，比兩個自由粒子能量更低的一種組合。

有個一般性理論說，假設有一個束縛態存在於某個能量，那麼散射機率幅在那個能量會變成無窮大，當然我們得把散射機率幅從允許的能帶，以代數方式外推到能帶以外的能量區域〔以代數方式外推的方法，數學術語是「解析延拓」（analytical continuation）〕。

這個理論的物理意義是這樣子的：束縛態的狀況所指的是波被限制在一點附近，而且不需要有入射波造成這種情形，波自己就會存在於那裡。因此所謂「散射」波（或創造出來的波）與「被送進去」的波的相對比例會是無窮大。我們可以用我們的例子來檢驗這樣的想法。讓我們直接以散射粒子的能量 E（而不是以 k）來表示 (13.37) 式的散射機率幅。既然 (13.30) 式可以寫成

$$2A \sin kb = \sqrt{4A^2 - (E - E_0)^2}$$

那麼散射機率幅就是

$$\beta = \frac{-F}{F - i\sqrt{4A^2 - (E - E_0)^2}} \tag{13.44}$$

就我們的推導方式而言，這個方程式應該只能用於真實的狀態，能量在能帶內（E 介於 $E_0 + 2A$ 與 $E_0 - 2A$ 之間）的狀態。但是假設我們忘了這個限制，而把這個公式推廣到「非物理」的能量區域，其中的能量滿足 $|E - E_0| > 2A$。在這種非物理的能量區域中，我們可以這麼寫★

$$\sqrt{4A^2 - (E - E_0)^2} = i\sqrt{(E - E_0)^2 - 4A^2}$$

那麼無論「散射機率幅」有什麼意義，它就是

$$\beta = \frac{-F}{F + \sqrt{(E - E_0)^2 - 4A^2}} \tag{13.45}$$

我們現在問：有沒有能量 E 能讓 β 成為無窮大（也就是說，β 的式子有個「極點」）？有的！只要 F 的值是負的，如果

$$(E - E_0)^2 - 4A^2 = F^2$$

或是如果

$$E = E_0 \pm \sqrt{4A^2 + F^2}$$

(13.45)式的分母會等於零。如果取負號，就得到我們在(13.43)式中發現的陷捕能量。

但是如果取正號會如何？這時能量會在允許的能帶之**上**。的確，還另有一個束縛態，它在我們解(13.28)式的時候被遺漏了。我們把計算出這個束縛態能量與機率幅 a_n 的問題留給你。

當前人們想要瞭解關於新的奇異粒子的實驗觀測，對於這個目的來說，散射與束縛態之間的關係提供了最有用的線索之一。

---

*原注：這個方根的正負號的選擇是個技術性問題，和(13.39)式與(13.40)式中的 κ 所允許的正負號有關。我們不在這裡進一步討論這個問題。

第14章 | 半導體

14-1 半導體中的電子與電洞

近年來最出色、最戲劇性的發展之一，是固態物理在電子儀器發展上的應用，例如電晶體。我們在研究半導體的過程中，發現了它們有用的性質以及一大堆的實際應用。這個領域變化太快，以致於我們今天告訴你的東西，或許明年就變成錯的。無論如何，我們所談的一定不完整。事情很清楚：只要對於這些材料的研究持續下去，很多更棒的新東西就可能出現。這一章的內容對於瞭解本書以後幾章而言並不重要，但是你會看到，起碼你正在學習的某些東西和實際世界有些關係，你或許會覺得這樣子很有意思。

我們現在已經知道很多種類的半導體，但是我們將集中討論那些在技術上最有應用的半導體。我們對於這類半導體的瞭解也最多，這些知識有助於我們多少瞭解其他很多半導體。今天最常見的半導體物質是矽和鍺。這些元素結晶成鑽石晶格，這是一種立方結構，其中的原子和其四個最鄰近的原子有四面體鍵結（tetrahedral bonding）。它們在低溫（接近絕對零度）時是絕緣體，不過在室溫時的確會導電。它們不是金屬，它們稱為**半導體**（semiconductor）。

如果我們想把一個額外的電子放到低溫下的矽晶體或鍺晶體裡面，就會得到上一章所描述的情況：電子能夠在晶格中遊走，從一個原子的位置跳到另外一個原子上。事實上，我們只討論過電子在矩形晶格中的行為，而真實的矽晶格或鍺晶格中的方程式其實會有些不同；不過矩形晶格的結果已經足以示範所有基本的想法。

請參考：C. kittel, *Introduction to Solid State Physics*, Chapters 13, 14, and 18。

　　我們已在上一章看到，這些電子的能量被限制在某些能帶中，這些能帶稱為**傳導帶**（conduction band）。在這個能帶中，能量與機率幅 C 的波數 k 的關係是（見(13.24)式）

$$E = E_0 - 2A_x \cos k_x a - 2A_y \cos k_y b - 2A_z \cos k_z c \qquad (14.1)$$

其中的 A 是在 x、y、z 方向上跳躍的機率幅，而 a、b、c 是在這些方向上的晶格間隔。

　　對於接近能帶底部的能量來說，(14.1)式可以近似成

$$E = E_{最小} + A_x a^2 k_x^2 + A_y b^2 k_y^2 + A_z c^2 k_z^2 \qquad (14.2)$$

（見 13-4 節）。

　　如果我們將電子想成是只在某個特定的方向運動，則 k 的分量的比值就是固定的。能量則是這些波數的二次函數，就好像能量與動量的關係一樣。我們可以寫成

$$E = E_{最小} + \alpha k^2 \qquad (14.3)$$

其中的 α 是某個常數。我們把 E 相對於 k 的函數圖畫於圖 14-1。我

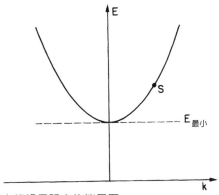

圖 14-1　電子在絕緣晶體中的能量圖

們稱這種圖爲「能量圖」。在某個特定能量與動量狀態的電子可以用圖中的一點（例如 S）來代表。

我們在第 13 章提過，如果從中性的絕緣體**除掉**一個電子，我們會得到類似的情況：電子可以從隔壁的原子跳過來，塡補這個「洞」，但是這麼一來就在原先的原子上留下另一個「洞」；所以我們會說，**電洞**可以從一個原子跳到另一個原子，並且用一個機率幅來描述這種行爲，這個機率幅是發現**電洞**在任何特定原子上的機率幅。（很明顯的，電洞從原子 a 跳到原子 b 的機率幅 A，等於電子從原子 b 跳到原子 a 上之空洞的機率幅。）

描述**電洞**的數學和描述額外電子的數學是一樣的，所以電洞的能量與其波數的關係類似(14.1)式或(14.2)式的方程式，除了機率幅 A_x、A_y、A_z 的數值當然會不一樣。電洞的能量與機率幅的波數有關，能量也是限制在能帶裡，在能帶的底部，這個能量也是和波數（或動量）的平方成正比，如圖 14-1 所示。依據 13-3 節的論證，我們會期待**電洞的行爲也和帶有某有效質量的古典粒子一樣**，除了在非立方形晶格中，因爲質量會取決於方向。因此電洞的行爲就像是通過晶格的**正粒子**。這個「洞粒子」所帶的電荷是正的，因爲它位於少了一個電子的位置上，而且當它往一個方向運動的時候，電子事實上是往反方向運動。

如果我們把幾個電子放到一個中性晶格中，它們會像一群低壓力氣體的原子一樣四處跑動。如果這些額外電子的數目不太多，它們之間的交互作用就不太重要。如果我們讓一個電場穿過晶體，電子開始移動，就會有電流。它們終究會被拉到晶體的一端，如果那裡有一個金屬電極，電子會被收集起來，晶體就回復到中性的狀況。

類似的，我們可以把很多電洞放到晶格中。如果沒有電場，它

們會任意遊走。如果有電場，它們會流向負極，然後被「收集」起來，當然，實際的情況是它們被來自金屬電極的電子中和了。

我們也可以同時有電洞和電子。如果它們的數目不太大，它們會獨立運動。如果有電場，它們全部會成爲電流的一部分。很明顯的，電子稱爲**負載子**（negative carrier），而電洞稱爲**正載子**（positive carrier）。

到目前爲止，我們考慮的是從晶體之外注入電子，或是拿掉電子以造成電洞。其實也可以從晶體中的一個中性原子拿掉一個束縛電子，然後把它放到同一個晶體中的遠處，這樣子我們就「創造」了電子－電洞對（electron-hole pair）。這麼一來，我們就有一個自由電子和一個自由電洞，然後它會以我們已描述過的方式移動。

把一個電子**放進**狀態 S，我們說是「創造」狀態 S，所需的能量是圖 14-2 所示的能量 E^-，它比最低能量 $E^-_{最小}$ 還高。「創造」位於狀態 S' 的一個電洞所需的能量是次頁圖 14-3 的能量 E^+，它比最

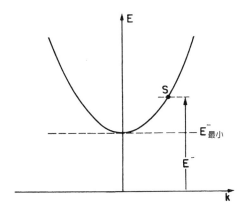

圖 14-2　「創造」一個自由電子所需的能量 E^-

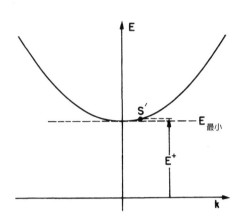

圖 14-3　「創造」一個位於狀態 S' 的電洞所需的能量 E^+

低能量 $E^+_{最小}$ 還高。如果我們要創造一對處於狀態 S 與 S' 的電子－電洞對，所需的能量是 $E^- + E^+$。

　　創造電子－電洞對是很普通的過程（我們待會就會看到），所以很多人喜歡把圖 14-2 和圖 14-3 放在同一個圖上，但是把**電洞**的能量**倒**過來畫，雖然它當然還是**正**的能量。我們用這個方式把這兩個圖合併在圖 14-4。這種圖的優點是，創造一個位於狀態 S 的電子與一個位於狀態 S' 的電洞所需的能量 $E_{一對} = E^- + E^+$ 是從 S 到 S' 的垂直距離，如圖 14-4 所示。創造這樣一對電子與電洞所需的最小能量就稱為「間隙」能量（gap energy），等於 $E^-_{最小} + E^+_{最小}$。

　　有時候你會看到一個更簡單的圖，稱為能階圖，當人們對於 k 變數不感興趣，他們就畫這種圖。這種圖如圖 14-5 所示（見第 230 頁），只顯示了電子與電洞的可能能量。★

　　電子－電洞對如何可以產生呢？有幾個方式，例如，光子（可見光或 X 光）可以被吸收，然後創造一對電子電洞，如果光子的能

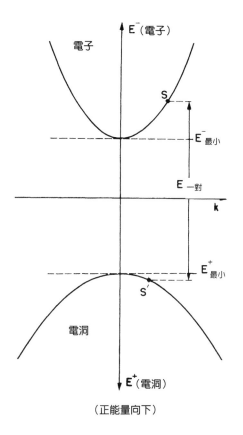

圖 14-4 畫在一起的電子與電洞的能量圖

*原注：許多書裡把這個能階圖以不同的方式呈現。他們只提
到**電子**的能量標度；至於電洞的能量，他們把它想成是電子
填滿洞時，電子**會**有的能量。這個能量比自由電子能還**低**，
至於低了多少能量，事實上就是你在圖 14-5 看到的量。在這
種能量標度的詮釋下，間隙能量是**把一個電子**從束縛態移到
傳導帶所需的最小能量。

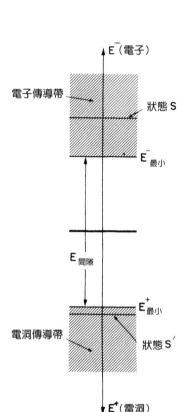

圖 14-5　電子與電洞的能階圖

量是在間隙的能量之上。電子電洞對產生的速率與光的強度成正
比。如果我們將兩個電極平架在晶片上，同時施加一個「偏」壓
（bias voltage），則電子和電洞會被吸引至電極。電路電流會和光的
強度成正比。由於這個機制，才有光電導性（photoconductivity）現
象以及光電導電池（photoconductive cell）。

　　高能量粒子也可以產生電子電洞對。當一個快速帶電粒子，例
如一個質子，或能量為數十或數百百萬電子伏特的 π 介子通過晶體
時，粒子的電場會把電子從束縛態撞擊出來，而創造出電子－電洞

對。這樣的事件每毫米粒子軌跡會發生數十萬次。粒子通過後，電荷載子可以被收集起來，進而產生電脈衝（electrical pulse）；在近來核物理實驗所使用的半導體計數器中，這個機制正派上用場。這種計數器並不必然要用到半導體，晶體絕緣體也可以做為材料。事實上，第一個這類的計數器是由鑽石晶體所做成的，這種晶體在室溫是絕緣體。如果電洞和電子想要能夠自由的移動到電極而不被陷捕，我們就需要非常純的晶體。我們用上矽半導體與鍺半導體，原因是我們能夠製造還算大塊（數公分大小）的高純度的矽與鍺半導體。

到目前為止，我們只關心在絕對零溫度附近的半導體晶體。在任何有限溫度下，還有另一種機制可以產生電子－電洞對。晶體的熱能可以提供產生電子－電洞對所需的能量。晶體的熱振動可以把能量傳給電子－電洞對，這可以導致「自發」（spontaneous）創造。

在單位時間中，和間隙能量 $E_{間隙}$ 一樣大的（熱）能量會集中在一個原子上的機率，與 $e^{-E_{間隙}/\kappa T}$ 成正比，其中的 T 是溫度，κ 是波茲曼常數（見第 I 卷第 40 章）。在絕對零度附近，機率很小，但是當溫度升高，產生電子－電洞對的機率也隨著升高。在任何有限溫度下，電子－電洞對應該會以固定的速率不停的產生，所以負載子與正載子照理應該愈來愈多。當然，這並不會發生，因為過一會兒之後，電子與電洞會意外的碰在一起，電子掉到洞裡去，產生的能量就給了晶格。我們說電子和電洞「消滅」了。每秒中有某些機率讓一個電洞和電子相遇，然後這兩個東西就相互消滅。

如果每單位體積的電子數目是 N_n（n 代表負載子），而且正載子的密度是 N_p，則每單位時間裡，一個電子會遇上電洞的機率會和 $N_n N_p$ 乘積成正比。在平衡情況下，這個速率一定要等於電子－電洞對產生的速率。所以在平衡的狀態下，N_n 與 N_p 的乘積應該等

於某個常數乘以波茲曼因子：

$$N_n N_p = 常數 \ e^{-E_{間隙}/\kappa T} \tag{14.4}$$

這裡所謂的常數，其實只是近乎固定的數。更完整的理論，包括更多關於電洞和電子如何「發現」對方的細節，顯示「常數」會跟著溫度稍微有些變化，不過溫度的效應主要還是來自指數函數（波茲曼因子）。

讓我們舉一個最初是中性的純材料做為例子。如果溫度不為零，你會期待正載子與負載子的數目應該相等，$N_n = N_p$。然後這兩個數字應該隨著溫度變化，它們的函數關係是 $e^{-E_{間隙}/\kappa T}$。半導體很多性質的變化，例如導電性，主要是由波茲曼指數式因子來決定，因為相較之下，其他因子在不同溫度下的變化要小很多。鍺的間隙能量大約是 0.72 電子伏特，而矽的間隙能量大約是 1.1 電子伏特。

在室溫下，κT 大約是 1 電子伏特的 1/40。在這個溫度，電洞與電子的數目足夠大，因此傳導性相當好；但是譬如說在 30 K（室溫的十分之一），導電性就微乎其微了。鑽石的間隙能量大約是 6 或 7 電子伏特，所以它在室溫是很好的絕緣體。

14-2 雜質半導體

到目前為止，我們已經討論過兩種把額外電子放進完美晶格的方法。一種方法是把電子從外在源注入；另一種是把一個束縛電子從中性原子中打出來，這樣就同時創造了一個電子與一個電洞。其實還有另一種方法可以把電子放到晶體的傳導帶之中。假設有一個鍺晶體，其中一個鍺原子被一個砷原子所取代。鍺原子是四價的原子，而且晶格結構是由四個價電子所控制；而砷原子是五價原子。

事實上，單一個砷原子可以坐進鍺晶格裡（因為兩者的大小大致相同），但這麼一來砷原子就必須扮成是四價的原子，用四個價電子來形成晶格鍵結，而留下一個價電子。這個額外的電子很鬆垮附著其上，束縛能比 1/100 電子伏特還小。室溫下，這個額外電子很容易從晶格的熱能（thermal energy）得到這麼多的能量，然後脫離束縛，像自由粒子般的在晶格中運動。我們稱呼一個諸如砷原子的雜質原子為**施子**（donor），因為它可以放棄了一個負載子給晶格。如果我們在從熔體（melt）長出鍺晶體的時候，加入了少量的砷，則砷原子會均勻的分布在晶體中，然後晶體就有某個內在的負載子密度。

你或許會想，一旦我們在晶格上施加任何一點電場，這些載子就會被掃掉了。可是這樣的情形不會發生，因為晶格中的每個砷原子都帶了正電荷。如果晶格想維持電中性，負載子的平均密度必須等於施子的平均密度。如果你把兩個電極放在這種晶格的邊緣，並接上電池，就會出現電流；但是當載子電子被掃到一邊的電極，新的傳導電子（conduction electron）一定得從另一個電極補充進來，以便使得傳導電子的平均密度幾乎等於施子的密度。

既然施子所在的位置帶正電荷，它們就會傾向於捕捉一些在晶格中漫遊的傳導電子。所以一個施子的行為就像是我們在上一章所談的陷阱（trap）。但是如果陷捕能量足夠小，就像砷那樣，那麼在任何時刻被捕捉的載子只是全部載子的一小部分而已。如果想完整瞭解半導體的行為，我們必須把陷捕考慮進來。可是在以下的討論中，我們將假設陷捕能量足夠小，同時溫度足夠高，以致於所有施子所在的位置都失去了它們的電子。這當然只是一種近似而已。

我們也可以在鍺晶格中放進一些三價的雜質原子，例如鋁。鋁原子在鍺晶格中想表現得像是四價原子，所以它必須設法偷一個額

外的電子。它可以從某個隔壁的鍺原子偷一個電子，結果就變成帶負電的原子，而成為四價原子。當然，當它從鍺原子偷一個電子時，鍺原子上就留下了一個電洞，這個電洞可以在晶格中以正載子的身分四處漫遊。能夠以這種方式產生電洞的雜質原子，稱為**受子**（acceptor），因為它「接受」了一個電子。如果我們在從熔體長出鍺或矽晶體的時候，加入了少量的鋁雜質，則晶體就有某個內在的電洞密度，這些電洞可以做為正載子。

當施子雜質或受子雜質被加到半導體中，我們稱這半導體材料已經被「摻雜」（doped）了。

有一個鍺晶體處於室溫，它有一些內在施子型雜質；有一些傳導電子來自施子，也有傳導電子是來自因熱擾動而產生的電子－電洞對。從這兩種方式來的電子自然是相同的，但重要的是電子的總數 N_n，在成為平衡的統計過程中，出現的是這個數字。如果溫度不是太低，由施子雜質原子所貢獻的負載子數目大約等於雜質原子的數目。(14.4)式在平衡的時候一定要成立，所以在一定的溫定下，$N_n N_p$ 這個乘積必是個定值。這代表如果加入一些施子雜質以增加 N_n，那麼正載子的數目 N_p 必須降低，以便讓 $N_n N_p$ 保持不變。如果雜質濃度夠高，施子的數目就決定了負載子的數目 N_n，而且 N_n 幾乎和溫度無關，所有指數式因子中的變化都由 N_p 所提供（雖然 N_p 比 N_n 小很多）。一個純晶格加入一點施子雜質後的多數載子是負載子，所以我們稱這類材料為「n 型」半導體。

如果在晶格中加入受子雜質，某些新的電洞會四處移動，而消滅某些因熱起伏所產生的自由電子。這個過程會持續進行，直到(14.4)式成立。在平衡的條件下，正載子的數目會增加，負載子的數目會減少，以便讓它們的乘積保持固定。一個材料如果有比較多的正載子，就稱為「p 型」半導體。

　　如果把兩個電極放在一塊半導體的晶體上，然後將它們接上電位差源，則晶體內就有電場存在。這個電場會讓正載子與負載子動起來，因而就有了電流。我們首先考慮有大量負載子的 n 型半導體；對於這樣的材料來說，我們可以忽略電洞，它們的數目太小，對於電流的貢獻不大。在理想的晶體中，這些載子可以不受阻力的通過晶體。但是在有限溫度下的真實晶體中，尤其是有雜質的晶體中，電子不能夠自由運動。電子不停發生碰撞，而被撞離原來的軌道，亦即不停的改變動量。這些碰撞正是我們在上一章所談的散射，它會出現於晶格中任何不規則的地方。在 n 型半導體中，散射的主因是產生載子的施子，既然傳導電子在施子所在地的能量與其他地方有些不同，機率波會在那一點被散射開來。即使在完美的晶體中，仍然會有（在有限溫度下）來自熱振動的晶格不規則。

　　就古典觀點而論，我們可以說原子並不是正好整齊的在規則的晶格上排成一線，而是在任何時刻都會由於熱振動而稍微偏離一點。在第13章所描述的理論中，每個晶格點都有一項能量 E_0，現在不同點的 E_0 不會完全相同，所以機率幅波不會完美的透射，而是以不規則的方式散射。在很高的溫度，或對於很純的物質來說，這種散射是非常重要的。但是對於實際裝置所使用的多數摻雜材料而言，多數的散射來自雜質原子。我們現在想估計一下這種材料的電導係數（electrical conductivity）。

　　當我們把電場施加於 n 型半導體上，每個負載子會在場中加速，速度不斷增加，直到被某個施子散射開來。這表示平常（由於熱能）以無規（random）方式運動的載子會獲得一個沿著電場線方向的平均漂移速度（average drift velocity），因而產生通過晶體的電流。一般而言，漂移速度比典型的熱速度小不少，所以我們可以假設，載子在兩次散射之間前進的平均時間是定值，並依據這個假設

來估計電流。

　　假設負載子所帶的有效電荷是 q_n，在電場 $\boldsymbol{\varepsilon}$ 中，載子所受的力是 $q_n\boldsymbol{\varepsilon}$。我們在第 I 卷 43-3 節中，已計算過這種情況下的平均漂移速度，得到的答案是 $F\tau/m$，其中的 F 是作用在電荷上的力，τ 是兩次碰撞之間的平均自由時間（mean free time），m 是質量。我們應該用上一章所計算的有效質量，但既然我們所要的只是粗略的計算，我們會假設各個方向上的有效質量都相等，在這裡稱它為 m_n。在這樣的近似之下，平均漂移速度將是

$$v_{漂移} = \frac{q_n \boldsymbol{\varepsilon} \tau_n}{m_n} \tag{14.5}$$

知道了漂移速度，我們就可以計算電流的大小。電流密度 j 只是每單位體積的載子數 N_n 乘上平均漂移速度，再乘以每個載子的電荷。因此電流密度就是

$$j = N_n v_{漂移} q_n = \frac{N_n q_n^2 \tau_n}{m_n} \boldsymbol{\varepsilon} \tag{14.6}$$

我們看到電流密度與電場強度成正比；這樣的半導體材料遵循歐姆定律（Ohm's law）。j 和 $\boldsymbol{\varepsilon}$ 之間的比例係數是電導係數 σ，等於

$$\sigma = \frac{N_n q_n^2 \tau_n}{m_n} \tag{14.7}$$

n 型材料的電導係數相對而言，與溫度沒有什麼關係：首先，多數載子的數目主要決定於晶體中的施子密度（只要溫度不是太低到太多的載子被陷捕）；其次，碰撞間的平均時間 τ_n 主要是受雜質原子密度的控制，而雜質原子密度當然和溫度沒有關係。

我們可以把同樣的論證應用於 p 型材料，只需改變(14.7)式中參數的值。如果負載子與正載子在同一時間的數目大致相當，我們必須把每一種載子的貢獻加起來，總電導係數便成為

$$\sigma = \frac{N_n q_n^2 \tau_n}{m_n} + \frac{N_p q_p^2 \tau_p}{m_p} \tag{14.8}$$

對於非常純的材料來說，N_n 與 N_p 幾乎相等；它們會比摻雜材料裡的值來得小，因此電導係數比較小；而且它們隨溫度的變化很大（如 $e^{-E_{間隙}/2\kappa T}$，前面已見過），所以電導係數隨溫度的變化極為快。

14-3 霍爾效應

我們碰到的事的確相當奇怪：有個物質，其中唯一還算自由的物體是電子，但這種物質竟然有個電流是由行為像帶正電荷粒子的電洞所承載。因此我們想要描述一個實驗，它能以相當清楚的方式顯示電流載子所帶的電荷確實是正的。

假設有一塊東西是由半導體材料所做的（它也可以是金屬做的），我們在其上施加一個電場，以致於在某個方向（譬如說水平方向）上產生了電流，如次頁的圖 14-6 所示。現在假設我們施加一個磁場在這塊東西上，磁場的方向是垂直電流的方向，譬如說**進入**圖 14-6 平面的方向。運動的載子會感受到磁力 $q(v \times B)$。既然平均漂移速度，不是往右就是往左（取決於電流載子所帶電荷的正負號），載子所受的平均磁力不是向上就是向下。

不，這不對！對於我們所假設的電流與磁場方向來說，運動電荷所受的力會永遠**向上**：往 j 方向（往右）運動的正電荷會感受到向上的力；如果電流載子所帶的是負電，載子會向左運動（因為正

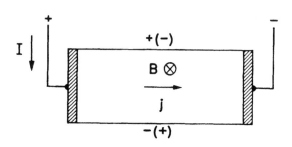

圖 14-6　霍爾效應來自載子所受的磁力

電流向右），所以它們也感受到向上的力。不過在穩定的條件下，載子不會有向上的運動，因為電流只會從左向右流。實際上發生的事情是有一些電荷最初的確往上流，因而在半導體的上層表面產生了表面電荷密度，同時在半導體底層表面留下了相反電荷的表面電荷密度。電荷會在上下層表面不停堆積，直到它們對於運動電荷所施加的電力正好和磁力相抵消（平均而言），以致於穩定的電流只在水平方向上流動。在上層與底層的電荷會產生一個垂直通過晶體的電位差，我們可以用高電阻伏特計來量這個電位差，如圖 14-7 所示。伏特計所記錄的電位差正負號會取決於電流載子所帶電荷的正負號。

　　當人們最初做這項實驗的時候，他們原先預期電位差會是負的，因為他們認為電流載子是帶負電的傳導電子。所以當人們發現對於某些材料來講，電位差的正負號與預期相反時，他們實在非常驚訝。載流子（current carrier）似乎是帶正電的粒子！從前面對於摻雜半導體的討論可知，n 型半導體本來就應該產生對應到負載子的電位差的正負號，而 p 型半導體應該產生相反的電位差，因為電流載子是帶正電荷的電洞。

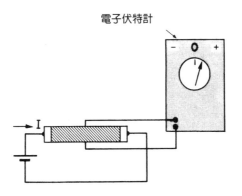

電子伏特計

圖14-7 測量霍爾效應

　　最初人們其實是在金屬中，發現霍爾效應（Hall effect）中電位差的異常正負號，而不是在半導體中。人們一向假設在金屬中傳導電流的是電子，然而他們卻發現對於鈹來說，電位差的正負號是錯的。我們現在已經瞭解，金屬其實和半導體一樣，在某些狀況之下，傳導電流的「物體」是電洞。雖然歸根究柢在晶體中運動的是電子，然而就動量與能量的關係、以及對於外場的反應而言，電流是由運動的帶正電粒子所造成。

　　我們現在來看看是否能夠定量估計（從霍爾效應所期待的）電壓差大小。如果圖14-7中的伏特計只有可忽略的電流，那麼半導體內的電荷一定是從左邊流動到右邊，而且垂直的磁力必須剛好抵消一個稱為 $\varepsilon_{垂直}$ 的垂直電場。如果這個電場可以抵消磁力，則我們一定要有

$$\varepsilon_{垂直} = -v_{漂移} \times B \tag{14.9}$$

利用(14.6)式中漂移速度與電流密度的關係，我們得到

$$\varepsilon_{\text{垂直}} = -\frac{1}{qN}jB$$

晶體上邊與底邊的電位差當然就是電場強度乘上晶體的高度。晶體中電場強度 $\varepsilon_{\text{垂直}}$ 與電流密度還有磁場強度成正比，比例常數 $1/qN$ 稱為霍爾係數，通常用符號 R_H 來代表。霍爾係數只取決於載子密度，假如正電荷（或負電荷）載子是絕大多數的載子。因此如果想從實驗上決定半導體中載子密度，測量霍爾效應是一種方便的辦法。

14-4 半導體接面

我們現在想要討論以下的問題：如果將兩塊有不同內在性質（譬如不同種類或不同數量的摻雜）的鍺或矽接在一起，而構成一個「接面」，則會發生什麼事？我們先討論所謂的 p-n 接面，在這種情形，接面邊界的一邊是 p 型鍺，另一邊是 n 型鍺，如圖 14-8 所示。

事實上，把兩塊晶體連起來，使得它們在原子尺度上均勻接在一起的做法並不切實際；反之，接面其實是用一塊單晶做出來的，這單晶的兩個不同區域被修改過了。一種方法是在一半的晶體長出來以後，將一些適當的雜質加到「熔體」中。另一種方法是將一點雜質元素塗到表面上，然後將晶體加熱，以讓一些雜質原子擴散到晶體裡去；用這種方式做出來的接面沒有尖銳的邊界，雖然邊界可以做成細到大約只有 10^{-4} 公分。就這裡的討論而言，我們將想像一種理想情況，那就是晶體中性質不同的這兩種區域在尖銳的邊界接觸。

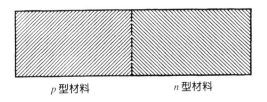

p 型材料　　　　　　　n 型材料

圖 14-8 p-n 接面

　　在 p-n 接面的 n 型這一邊，有可以四處運動的自由電子，也有固定的施子來平衡總電荷。在 p 型那一邊，則有四處運動的自由電洞，以及相同數目的負受子以便平衡電荷。事實上，上述情形所描述的是兩個材料還未接觸之前的狀況。一旦它們連在一起，邊界附近的情況就會改變。當 n 型材料中的電子抵達邊界，它們不會像碰到自由表面那般反射回來，而是能夠進入 p 型材料內。因此 n 型材料中的一些電子會傾向於擴散到電子比較少的 p 型材料中。可是這種擴散不會永遠持續下去，因為當 n 型材料失去電子，那裡的淨正電荷會一直增加，直到最後電位差建立起來，阻止電子擴散至 p 型材料。同樣的，p 型材料中帶正電荷的載子可以擴散過接面而進入 n 型材料。當正載子這麼做，它們就留下多餘的負電荷。在平衡的情況下，淨擴散電流必須等於零，因為建立起來的電場會把正載子拉回 p 型材料。

　　我們所形容的這兩種擴散過程會同時進行，而且你會注意到兩者進行的方向會讓 n 型材料帶正電，讓 p 型材料帶負電。由於半導體材料的電導係數是有限的，所以從 p 邊到 n 邊的電位變化只發生在靠近邊界一相對狹窄的區域中；每塊材料的主體有均勻的電位。

假設有個 x 軸是在垂直於邊界面的方向上,那麼電位會隨著 x 而變,如圖 14-9(b) 所示。我們也在圖 14-9(c) 顯示 n 載子密度 N_n 以及 p 載子密度 N_p 的預期變化。離開接面很遠的地方,載子密度 N_n 與 N_p 應該只是個別材料塊在同一溫度之下的平衡密度。(我們的圖所代表的這種接面,其中 p 型材料的摻雜情形比 n 型材料更為嚴重。)因為接面上的電位梯度,正載子必須爬上電位丘才能到達 n 型材料這一邊。這表示在平衡的條件下,n 型材料裡的正載子數目,比 p 型材料中的正載子數目要小。如果你還記得統計力學定律,就會預期兩邊 p 型載子數目的比例是:

$$\frac{N_p(n\,邊)}{N_p(p\,邊)} = e^{-q_p V/\kappa T} \qquad (14.10)$$

指數的分子中的乘積 $q_p V$ 只是電荷 q_p 通過電位差 V 所需的能量。

至於 n 型載子的密度,我們也有完全一樣的式子:

$$\frac{N_n(n\,邊)}{N_n(p\,邊)} = e^{-q_n V/\kappa T} \qquad (14.11)$$

如果我們知道兩個材料個別的平衡密度,我們可以用上面兩個式子中任何一個去決定越過接面的電位差。

請注意,如果(14.10)式與(14.11)式中的電位差 V 要有相同的值,$N_p N_n$ 乘積在 p 邊的值與在 n 邊的值必須一樣。(請記得 $q_n = -q_p$。)不過我們前面已經看過,這個乘積取決於溫度與晶體的間隙能量。假設晶體兩邊的溫度相同,那麼這兩個方程式與兩邊有相同的電位差是一致的。

既然從接面的一邊到另外一邊存在電位差,這看起來就像是電池。或許如果我們把 n 型邊和 p 型邊用金屬線連起來,我們會得到

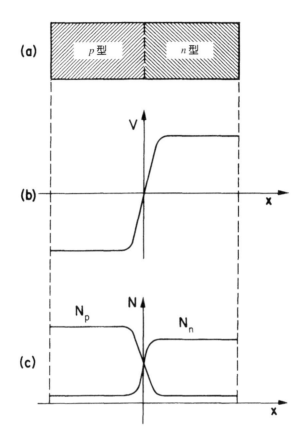

圖 14-9 沒有偏壓的半導體接面中，載子密度與電位。

電流。這會很棒，因為沒有用掉任何材料，而電流就會永遠流下去，我們會有無窮的能源，這違反了第二熱力學定律！

然而，你如果從 n 型邊到 p 型邊連上一條金屬線，並不會得到電流。原因很簡單：假設金屬線是用沒有摻雜的材料做的，如果把這條金屬線接到 n 型邊，我們就得到一個接面，跨過這個接面會有

電位差。假設這個電位差是從 p 型材料到 n 型材料的電位差的一半。當我們把沒有摻雜的金屬線接到接面的 p 型邊時，在這個接面也會有電位差存在，它又是電位在 p-n 接面的降落的一半。所有接面的電位差會將它們自己調整到使得電路中沒有淨電流存在。無論你用什麼樣的金屬線來把 p-n 接面的兩邊接起來，你會產生兩個新接面；只要所有的接面都處於相同的溫度，電位在接面的降落全部會互相抵消，因此電路中沒有電流。

不過，如果你把細節算出來，事實上，如果某些接面和其他接面的溫度不一樣，就會有電流。有一些接面會由於電流而熱起來，另一些則會冷卻下去，熱能就這樣子轉換成電能。這個效應是熱電偶（thermocouple）以及熱電發電機（thermoelectric generator）運作的原理，熱電偶可以用於測量溫度。同樣的效應也可以用來製造小冰箱。

如果我們無法測量 p-n 接面兩邊的電位差，我們如何能確定圖 14-9 所示的電位梯度真的存在？一種方法是把光照在接面上。當光子被吸收，它們可以產生電子－電洞對。接面上有很強的電場（等於圖 14-9 電位曲線的斜率），所以電洞會被驅使到 p 型區域，而電子會被驅使到 n 型區域。如果接面的兩邊現在連接到外在電路，這些額外的電荷會提供電流。光的能量在接面上被轉換成電能。這個效應就是太陽電池的運作原理，太陽電池能夠產生電能，用於一些人造衛星的運作。

我們在前面討論了半導體接面的運作，我們一直假設電洞與電子大致上是獨立的在行動，除了它們不知怎麼的達成了適當的統計平衡。當我們描述光照射在接面上可以產生電流的時候，我們假設接面區域所產生的電子或電洞在被另一種電性的載子消滅之前，會進入晶體的主體。在接面最鄰近的範圍內，當兩種電荷載子的密度

大約相等時，電子－電洞對消滅的效應是很重要的效應，半導體接面的詳細分析必須適當地考慮進來〔電子－電洞對消滅的效應也常稱爲「復合」（recombination）〕。我們一直假設接面區域所產生的電子與電洞在復合之前，有相當大的機會能進入晶體的主體。對於典型的半導體材料來說，一個電子或一個電洞找到相反的對象然後消滅它，所需的典型時間大約是在 10^{-3} 秒到 10^{-7} 秒之間。這個時間剛好比碰撞之間的平均自由時間 τ 長很多，這裡的碰撞是與晶格中散射位置的碰撞，我們在分析晶體導電性時用過 τ。典型的 p-n 接面中，接面區域產生的電子或電洞被掃到晶體內的時間，通常比復合時間短很多。所以多數的電子－電洞對會貢獻到外在電流。

14-5　半導體接面的整流

我們接下來想說明 p-n 接面如何可以做爲整流器（rectifier）。如果讓電壓通過接面，只要電壓（極性）的方向正確，我們會得到很大的電流，但是如果在反方向施加同樣大小的電壓，則只有很小的電流。如果讓交流電壓通過接面，只有在一個方向上會有淨電流，也就是電流被「整流」了。

我們再看一次，圖 14-9 所描述的平衡狀況到底是怎麼回事。在 p 型材料中，正電荷載子 N_p 的濃度很高；這些載子四處擴散，每一秒中有一些正載子會逼近接面，這個接近接面的正載子電流與 N_p 成正比。不過，大半的這種電流會被高電位丘所折返，只有 $e^{-qV/\kappa T}$ 的比例會通過。另外也有正載子電流從會另一邊逼近接面，這個電流也和 n 型區域的正載子密度成正比，但是這個載子密度比 p 型邊的密度小很多。當正載子從 n 型邊逼近接面時，它們發現一個負斜率的波，所以馬上往下滑到接面的 p 型邊去；讓我們把這電流稱爲

I_0。在平衡的條件下,來自兩個方向的電流應該相等,因此我們預期有以下的關係:

$$I_0 \propto N_p(n\,邊) = N_p(p\,邊)e^{-qV/\kappa T} \qquad (14.12)$$

你會注意到,這個方程式其實和(14.10)式一樣,我們只是用另一種方式推導罷了。

但是,假設我們把接面 n 型邊的電壓降低 ΔV(一個方法是,把外加一個電位差在接面上),那麼跨過電位坡的電位差就不再是 V,而是 $V - \Delta V$;現在從 p 邊到 n 邊的正載子電流在它的指數式因子中就會有這個電位差。把這個電流稱為 I_1,我們得到

$$I_1 \propto N_p(p\,邊)e^{-q(V-\Delta V)/\kappa T}$$

這個電流比 I_0 大上 $e^{q\Delta V/\kappa T}$ 倍,所以 I_1 和 I_0 的關係是

$$I_1 = I_0 e^{+q\Delta V/\kappa T} \qquad (14.13)$$

來自 p 邊的電流隨著外加電位差 ΔV 呈指數式增加。但只要 ΔV 不是太大,從 n 邊來的正載子電流仍保持不變。當這些載子接近電位障礙時,它們仍會發現下降的電位,因此就落到 p 邊去。(如果 ΔV 比自然電位差來得大,情況會不一樣,但是我們不會考慮如此高電壓的情形。)那麼流過接面的正載子淨電流 I,就是來自兩邊電流的差:

$$I = I_0(e^{+q\Delta V/\kappa T} - 1) \qquad (14.14)$$

這個電洞的淨電流就流進 n 型區域。電洞在那裡擴散進 n 型區域的主體,最後被那裡的多數 n 型載子(電子)消滅。在這個消滅過程中所喪失的電子,就由來自(n 型材料的)外接終端的電子流所彌

補。

當 ΔV 等於零，(14.14)式的淨電流就為零。如果 ΔV 是正的，只要有外加電壓，電流會快速增加。如果 ΔV 是負的，電流反過來，但是指數項很快就變得可以忽略，而且負電流的大小永遠不會超過 I_0，在我們的假設中，這是相當小的值。反向電流 I_0 的值，受限於接面 n 邊的少數載子密度很小。

如果你以完全相同的方式來分析流過接面的負載子電流（首先考慮沒有電流的情形，然後再施加一小電位差 ΔV），你會得到和 (14.14)一樣的式子，可以用來描述淨電子流。既然總電流是兩種載子電流的和，所以(14.14)式還是適用於總電流，只要我們把 I_0 看成是在反電壓下的可能最大電流。

圖 14-10 顯示了(14.14)式的電壓－電流特性。它也顯示了固態

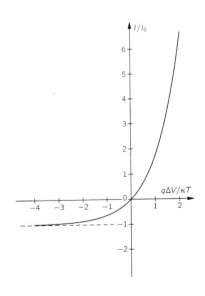

圖 14-10　通過接面的電流是跨過接面電壓的函數。

二極體（例如用於現代電腦中的那種）的典型行為。我們必須指明
(14.14)式只適用於小電壓；如果外加電壓大致等於自然內在電壓差
V，或甚至更大，其他的效應就變得重要，電流便不再遵循這個簡
單的式子。

你或許還記得，當我們在第 I 卷第 46 章中討論「機械整流器」
──棘輪與卡爪的時候，我們得到和(14.14)式完全一樣的公式。我
們在兩種情況下得到相同方程式的原因是，基本物理過程是相當類
似的。

14-6　電晶體

半導體最重要的應用也許是在電晶體上。電晶體是由非常接近
的兩個半導體接面所組成的，它的部分運作原理和我們剛剛描述過
的半導體二極體（整流接面）的原理一樣。假設我們做一小條鍺，
其中有三個區域：一個 p 型區、一個 n 型區、然後再一個 p 型區，
如圖 14-11(a) 所示。這樣的組合稱為 p-n-p 型電晶體。這個電晶體
中兩個接面的行為和上一節的描述大致一樣。尤其是（從 n 型區域
到 p 型區域）有某個的電位降落的每個接面上，都存在著電位梯
度。如果兩個 p 型區域有相同的內在性質，當我們通過晶體時，電
位的變化顯示於圖 14-11(b)。

現在假設我們把三個區域個別連上外在電源，如圖 14-12(a) 所
示（見第 250 頁）。我們以連到左邊 p 型區域的電壓為準，將這個
電壓定義為零。我們把連到這一 p 型區的終端稱為**射極**（emit-
ter）；n 型區稱為**基極**（base），連接到一個稍微負的電位；右邊的
p 型區則稱為**集極**（collector），連接到一個稍微大一些的負電位。
在這種情況下，圖 14-12(b) 顯示了晶體中電位的變化。

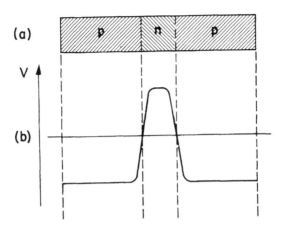

圖 14-11　沒有外加電壓之下，電晶體中的電位分布。

　　我們首先來看正載子會做些什麼事，因為 *p-n-p* 型電晶體主要就受控於它們的行為。既然射極是處於比基極更高的電位，正載子電流會從射極區流到基極區。這個電流相當大，因為接面有「正向電壓」，對應到圖 14-10 的右半部。在這個條件之下，正載子（或電洞）會從 *p* 型區域「發射」出來，而進入 *n* 型區域。你或許會認為，這個電流將經過基極終端 *b*，從 *n* 型區域流出來。不過，電晶體的祕密就在這裡：我們將 *n* 型區域做得非常薄，通常是 10^{-3} 公分或更薄，比它的橫向大小窄很多。這意味著，當電洞進入 *n* 型區域時，它們有很大的機會在被 *n* 型區域的電子消滅前，擴散到另一個接面。當電洞跑到 *n* 型區的右側邊界時，它們會發現一個陡急下降的電位坡，馬上掉進右邊的 *p* 型區域。這一側的晶體稱為集極，原因是它在電洞擴散通過 *n* 型區域之後，將電洞「收集」起來。典型的電晶體之中，離開射極並進入基極的電洞幾乎絕大部分會在集

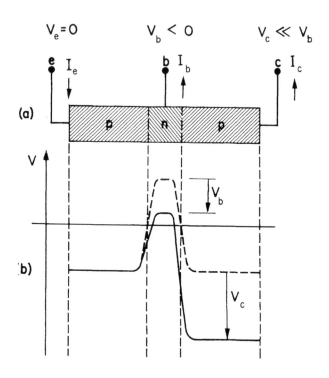

圖 14-12　運作中電晶體上的電位分布

極區域被收集起來，只剩下一小部分貢獻到淨基極電流。當然，基極的電流與集極的電流加起來等於射極電流。

　　現在我們問：如果稍微改變基極終端電位 V_b，那麼會發生什麼事？既然我們是在圖 14-10 中相當陡峭的部分，電位 V_b 的些微變化會引起射極電流 I_e 的很大變化。既然集極電壓 V_c 比基極電壓要更負很多，電位 V_b 的這一點點變化並不會太影響到基極與集極之間陡峭的電位坡。射入 n 型區的多數正載子仍會被集極所捕捉。所以當我們改變基極電極的電位時，集極電流 I_c 也會有相對應的變

化，不過重要的是，基極電流 I_b 永遠是集極電流的一小部分。電晶體是一個放大器；引進到基極電極的小電流 I_b 會導致在集極電極的很大電流（約 100 倍或更高倍）。

但是電子，這個我們一直忽略的負載子，到底怎麼了呢？首先請注意，我們不期待基極與集極之間有任何顯著的電流。因為集極有很大的負電壓，所以基極中的電子必須越過很高的位能丘，可是電子這樣做的機率很低；流到集極的電子很少。

反過來，基極中的電子就**能夠**跑進射極區；事實上，你可能預期這個方向的電子流，大致會和從射極到基極的電洞流相去不遠。這樣的電子流不是很有用，反而還是不好的，因為它提高了所需要的總基極電流（我們需要起碼的總基極電流，否則不足以讓固定的電洞流進入集極）。因此，電晶體的設計是盡量減少進入射極的電子流。電子流與 N_n(基極)（在基極材料中的負載子密度）成正比，而來自射極區的電洞流取決於 N_p(射極)（射極區域中的正載子密度）。只要在 n 型材料中（相對而言）加一點點摻雜，就可以讓 N_n(基極)比 N_p(射極)小很多。（非常薄的基極區域也很有幫助，因為集極把電洞掃離這個區域，顯著的增加了從射極到基極的平均電洞流，同時讓電子流保持不變。）最後的淨結果是，讓越過射極—基極接面的電子流可以比電洞流小很多，所以電子在 p-n-p 型電晶體的運作中不扮演任何顯著的角色。電流主要受控於電洞的運動，並且電晶體可以做為放大器，就像上面所描述的那樣。

我們也可以把圖 14-11 中的 p 型材料與 n 型材料對調，以做出另一種電晶體；它稱為 n-p-n 型電晶體。在 n-p-n 型電晶體中，主要的電流是由電子所承載，電子從射極流入基極，然後再進入集極。很明顯的，我們對於 p-n-p 型電晶體的論證也適用於 n-p-n 型電晶體，只要把電極電位的正負號顛倒過來。

The *Feynman* 閱讀筆記

閱 讀 筆 記

The Feynman 閱讀筆記

國家圖書館出版品預行編目資料

費曼物理學講義. III, 量子力學. 2：量子力學應用 / 費曼
(Richard P. Feynman), 雷頓(Robert B. Leighton), 山德
士(Matthew Sands)著；高涌泉譯. -- 第二版. -- 臺北市
: 遠見天下文化, 2018.04
　　面；　　公分. --（知識的世界；1228）
譯自：The Feynman lectures on physics, new millenni-
um ed., volume III
ISBN 978-986-479-438-6（平裝）

1.物理學 2.量子力學

330　　　　　　　　　　　　　　　　107005799

知識的世界 1228

費曼物理學講義 III——量子力學
(2)量子力學應用

原　　著／費曼、雷頓、山德士
譯　　者／高涌泉
顧 問 群／林和、牟中原、李國偉、周成功

總編輯／吳佩穎
編輯顧問／林榮崧
責任編輯／徐仕美　　特約校對／楊樹基
美術編輯暨封面設計／江儀玲

出 版 者／遠見天下文化出版股份有限公司
創 辦 人／高希均、王力行
遠見・天下文化 事業群榮譽董事長／高希均
遠見・天下文化 事業群董事長／王力行
天下文化社長／王力行
天下文化總經理／鄧瑋羚
國際事務開發部兼版權中心總監／潘欣
法律顧問／理律法律事務所陳長文律師　　著作權顧問／魏啓翔律師
社　　址／台北市 104 松江路 93 巷 1 號 2 樓
讀者服務專線／（02）2662-0012　　傳真／（02）2662-0007；2662-0009
電子信箱／cwpc@cwgv.com.tw
直接郵撥帳號／1326703-6 號 遠見天下文化出版股份有限公司

電腦排版／極翔企業有限公司
製 版 廠／東豪印刷事業有限公司
印 刷 廠／中原造像股份有限公司
裝 訂 廠／中原造像股份有限公司
登 記 證／局版台業字第 2517 號
總 經 銷／大和書報圖書股份有限公司　電話／（02）8990-2588
出版日期／2006 年 4 月 18 日第一版第 1 次印行
　　　　　2024 年 3 月 26 日第二版第 6 次印行

定　　價／400 元
原著書名／THE FEYNMAN LECTURES ON PHYSICS: The New Millennium Edition, Volume III
by Richard P. Feynman, Robert B. Leighton and Matthew Sands
Copyright ©1965, 2006, 2010 by California Institute of Technology,
 Michael A. Gottlieb, and Rudolf Pfeiffer
Complex Chinese translation copyright © 2006, 2013, 2016, 2018 by Commonwealth Publishing
Co., Ltd., a member of Commonwealth Publishing Group
Published by arrangement with Basic Books, a member of Perseus Books Group
through Bardon-Chinese Media Agency
博達著作權代理有限公司
ALL RIGHTS RESERVED

ISBN:978-986-479-438-6（英文版 ISBN:978-0-465-02501-5）

書號：BBW1228

天下文化官網　bookzone.cwgv.com.tw

※本書如有缺頁、破損、裝訂錯誤，請寄回本公司調換。